CHRISTIAN A. ZYLLA

Selbstverteidigung

mit Gas- und Schreckschusswaffen

Kaufberatung – Handhabung – Training

Christian A. Zylla

Selbstverteidigung
mit Gas- und Schreckschusswaffen
Kaufberatung – Handhabung – Training

3. überarbeitete Neuauflage

ISBN 978-3-946429-21-0

Produktionsleitung Markus Dierolf

Druck Gedruckt in Deutschland

Fotonachweis Umschlag:
Titelseite: Freie Waffen © Christian A. Zylla
Rückseite: Frau mit Pfefferspray © Dan Race / fotolia.com

CHRISTIAN A. ZYLLA

Selbstverteidigung

mit Gas- und Schreckschusswaffen

Kaufberatung – Handhabung – Training

INHALTSVERZEICHNIS

Vorwort

In den Monaten vor Erscheinen dieser dritten Auflage war ein regelrechter Boom in den Waffengeschäften zu verzeichnen. Gekauft wurde alles, was frei erhältlich ist: Schreckschuss- und Gaswaffen ebenso wie Reizstoffsprays, Schlagstöcke oder Messer. Viele Menschen haben das zunehmende Gefühl, der Staat kann sie nicht mehr ausreichend schützen und beschäftigen sich intensiver mit ihrer persönlichen Selbstverteidigung. Nicht immer sind sie sich im Klaren darüber, WAS sie da eigentlich genau gekauft haben, WIE diese Gegenstände anzuwenden sind oder WANN man sich damit überhaupt verteidigen kann.

Solche Überlegungen führten bei mir schon vor einigen Jahren zur Beschäftigung mit Gas- und Schreckschusswaffen und Reizstoffsprays. Ich musste dabei feststellen, dass es zwar eine Vielzahl von Einzelinformationen gab, ich jedoch nirgendwo eine kurze und übersichtliche Darstellung aller mich interessierenden Fragen finden konnte.

Um anderen Interessenten diese langwierige Suche zu ersparen, kam ich auf die Idee, meine Erfahrungen und die von international anerkannten Schießexperten in diesem kleinen Band zu bündeln. Es wurden Erfahrungen der US-Police und von Schießtrainern auf ihre Anwendbarkeit für Gaswaffenbesitzer geprüft und geeignete einfache Trainingsmethoden herausgefiltert. Eigene Erkenntnisse als Dienstwaffenträger und aus dem Training mit scharfen Waffen sind eingeflossen. Viele Hinweise und Tipps aus der aktiven Internetcommunity konnten ausprobiert und bewertet werden. Für die dritte Auflage wurde das aktuellste Waffenrecht beachtet und das Kapitel über Abwehrsprays nochmals erweitert.

So sollen die nachfolgenden Ausführungen sowohl eine Kaufberatung für Interessierte als auch eine Übungsanleitung für Gaswaffenbesitzer bieten. Da der Aspekt der Selbstverteidigung im Vordergrund steht, werde ich keinen Gesamtüberblick über die erhältlichen Waffen oder deren Technik liefern, sondern mich auf Beispiele beschränken.

Es mag manchem Leser übertrieben erscheinen, welch große Aufmerksamkeit vielen Kleinigkeiten gewidmet wird. Aber wir reden hier über Waffen, die gefährlich und sogar tödlich sein können, auch wenn es „nur" Gas- und Schreckschusswaffen sind. Außerdem wollen wir im Ernstfall damit unsere kostbarsten Güter, Leben und Gesundheit, verteidigen.

Dieses Buch enthält sehr viele Worte wie „vielleicht", „wahrscheinlich" und „möglicherweise". Jede Selbstverteidigungssituation ist anders. Was in einer Situation hilft, kann in der anderen falsch sein.

Der Preis für dieses Buch hat sich bezahlt gemacht, wenn Sie die für Sie optimale Waffe auswählen und sich einen teuren Falschkauf ersparen. Sogar dann, wenn Sie feststellen, dass dies alles überhaupt nichts für Sie ist und sich einen solchen Kauf ganz sparen. Vielleicht finden Sie auch nur einige wenige Tipps, die Ihnen weiterhelfen.

Aber natürlich hat es sich erst recht gelohnt, wenn Sie sich im Ernstfall wirksam verteidigen konnten.

Ich wünsche Ihnen, dass Sie Ihre Waffe nie einsetzen müssen.

C. A. Zylla

2. Gaswaffen: Eine legale Möglichkeit der Selbstverteidigung

Ein US-amerikanisches Sprichwort sagt: **„Man braucht nur sehr selten eine Waffe - aber wenn, dann hat man sie verdammt nötig.“**

Es muss jedem selbst überlassen bleiben, ob er zu seiner Verteidigung eine Waffe einsetzen will oder nicht. Viele Menschen lehnen Waffen grundsätzlich ab. Aber es gibt leider Situationen, in denen der normale Bürger gern zu seinem Schutz oder auch nur zur eigenen Beruhigung der Gewalt etwas Stärkeres als seine Fäuste entgegensetzen möchte.

Unsere Zivilcourage könnte eine Belebung erfahren, wenn wir in dem Bewusstsein unterwegs sind, Menschen in Gefahr wirksam unterstützen zu können.

Der Weg zu einem Waffenschein und damit zu einer legalen scharfen Waffe zur Selbstverteidigung ist bei uns in Deutschland für den Normalbürger so gut wie versperrt. Das ist im Grunde zu begrüßen, denn die wenigsten von uns können oder wollen sich vorstellen, was es bedeutet einen Menschen zu verletzen, vielleicht sogar zu töten. Die wenigsten Leute sind entsprechend ausgebildet, auch Sportschützen oder Jäger meistens nicht. Und nicht zuletzt: Waffenbesitz bedeutet eine hohe Verantwortung.

Allerdings fühlt sich der rechtschaffene Bürger der zunehmenden Gewalt schutzlos ausgeliefert. Denn jeder Kriminelle kann fast sicher sein, nur auf unbewaffnete, wehrlose Opfer zu treffen.

Eine Alternative zu den nackten Fäusten können die sogenannten Freien Waffen sein, die nach aktuellem Recht für jeden Bürger ab 18 Jahre frei erwerbbar sind. Zu den Freien Waffen zählen sowohl Co2- und Druckluft-, als auch Schreckschuss- und Gaswaffen, die in einem großen Sortiment erhältlich sind. Häufig finden wir die Abkürzungen SSW (für Schreckschusswaffen) und seltener SRS (für Schreckschuss-, Reizstoff- und Signalwaffen). Schreckschuss- und Gaswaffen dürfen wir – bis auf Ausnahmen – mit dem sogenannten „Kleinen Waffenschein“ in der Öffentlichkeit zu unserer Selbstverteidigung führen. Ausführlich dazu siehe Kapitel 6.1.

Eines muss jedoch schon an dieser Stelle eindringlich gesagt werden: Auch eine Gas- oder Schreckschusswaffe ist eine Waffe und kann lebensgefährliche und sogar tödliche Verletzungen herbeiführen!

Das müssen Sie sich als Besitzer eines solchen Gerätes immer wieder ins Bewusstsein rufen, um verantwortungsvoll mit Ihrer Waffe umzugehen.

Bei einem Schuss unter 1,5 Meter Entfernung können das Mündungsfeuer, die Druckwelle sowie herausgeschleuderte Pulverreste und Teile der Verschlusskappen der Patrone allerschwerste Verletzungen und Verbrennungen, insbesondere im Gesicht und an den Augen hervorrufen. Spielzeuge sind Gaswaffen absolut

Die verheerende Wirkung eines aufgesetzten Schusses mit einer 9mm-Knallpatrone. Deutlich ist das Aufplatzen der dicken Melonenschale erkennbar. Teile der Schale flogen mehr als 4 Meter weit.

Im Inneren der Melone wurde ein faustgroßes Loch gerissen. Kaum vorstellbar, was ein solcher Schuss am menschlichen Körper anrichten kann!

nicht, und deshalb sollten wir sie grundsätzlich wie scharfe Waffen behandeln. Zu viele Unfälle sind bereits passiert! Mehr dazu im nächsten Kapitel.

Waffenbesitz bedeutet Verantwortung, auch für Leben und Gesundheit eines Angreifers. Gaswaffen können bei ihrer Anwendung beides schwer beeinträchtigen. Deshalb fallen die freien Waffen unter das Waffengesetz, das insbesondere beim Schießen und Führen der Waffe zu beachten ist.

Im Kapitel 6 werden die wichtigsten Bestimmungen des gegenwärtigen Waffenrechtes genannt, die intensive Beschäftigung mit dem Originaltext des aktuellsten Waffengesetzes möchte ich Ihnen jedoch dringend empfehlen (siehe im Anhang weiterführende Literatur). Auch das Waffenrecht unterliegt Veränderungen, deshalb müssen Sie sich in diesem Bereich immer aktuell informieren.

Leider gibt es immer wieder Bestrebungen von Seiten des Gesetzgebers, den Erwerb von Gaswaffen zu erschweren, auf der EU-Ebene sind immer wieder Verschärfungen in der Diskussion. Als Grund dafür wird u.a. der häufige Einsatz von Gaswaffen bei kriminellen Handlungen angegeben. So bedauerlich das auch ist, sollte dennoch den gesetzestreuen und verantwortungsvollen Bürgern diese Möglichkeit der Selbstverteidigung nicht genommen werden. Gaswaffen können, wie jeder andere Gegenstand auch, für kriminelle Zwecke und durch Unüberlegtheit oder Dummheit missbraucht werden.

Selbst dieses Buch ist vor Missbrauch nicht sicher.

Die Selbstverteidigung mit Gaswaffen hat bereits eine lange Tradition. Dabei konnte sich in keinem anderen Land diese Möglichkeit so stark durchsetzen wie in Deutschland. Bereits vor 1900 fanden Gas- und Knallwaffen - damals unter so klangvollen Namen wie „Entlarvt"- oder „Scheintod"-Waffen - eine starke Verbreitung. Es verstand sich von selbst, dass besser gestellte Herren jederzeit sich und besonders auch das „schwache Geschlecht" gegen Angriffe verteidigen konnten. Das Tragen einer Taschenpistole oder eines Stockdegens gehörte zum guten Ton.

Gegen Ende des vorigen Jahrhunderts wurde es Mode, ins Grüne zu fahren, meist mit dem immer beliebter werdenden Fahrrad. Tagediebe, Landstreicher und streunende Hunde versetzten die vergnügten Gesellschaften manches Mal in Angst und Schrecken. Da man aber nicht gleich mit scharfen Geschossen auf vielleicht unschuldige Lebewesen schießen wollte, wurden mehr und mehr ungefährlichere Abwehrmittel verlangt. Findige Betriebe erinnerten sich der Schreckschussgeräte, mit denen in den Weinbergen und Obstgärten räuberische Vögel verscheucht wurden, und passten diese den neuen Bedürfnissen der Käufer an. Bereits damals gab es die Möglichkeit, sowohl Gas- als auch Knallpatronen zu benutzen. Sogar Parfümpatronen für die Verbesserung der Raumluft gab es!

Insbesondere nach dem „Reichsgesetz über Schusswaffen und Munition" von

1928, das das Führen von scharfen Schusswaffen nun unter Waffenschein- und Bedürfnispflicht stellte, verbreiteten sich die Schreckschussmodelle weiter in einer großen Vielfalt. Renommierte Waffenfabriken wie zum Beispiel die Firma Walther beschäftigten sich mit dem Bau von Schreckschusswaffen oder begannen damit ihre erfolgreiche Karriere. Die Entwicklung des Waffenrechts in Deutschland nach dem zweiten Weltkrieg tat ihr übriges.

Einige der damals entwickelten Modelle sind noch heute auf dem Markt (z.B. die legendäre „Perfekta", die für unsere heutige Selbstverteidigung allerdings zu schwach ist). Auch auf Grund der verstärkten Sammlernachfrage geht der Trend heute zum möglichst perfekten Nachbau scharfer Waffen. Dabei kommt es auch zu Kuriositäten wie bei der GPDA 8 von Browning, wo das Schreckschussmodell vor dem scharfen Original auf dem Markt war.

Noch eine Bemerkung zum Abschluss dieser kleinen Einführung. Jeder, der über eine Waffe verfügt, sei sie nun scharf oder „nur" eine Gaswaffe, sollte sich im Vorfeld einer kämpferischen Auseinandersetzung darüber klar sein. Sie denken vielleicht, mit Ihrer Waffe nun wahrhaft edle Taten der Verteidigung anderer Menschen in Not oder einen mutigen Kampf gegen das Verbrechen vollbringen zu können. Sie haben vielleicht die idealistische Vorstellung, in einem Kampf zu bestehen, anderen zu helfen und Herr der Lage sein zu können. Die Realität sieht völlig anders aus. In einem Verteidigungsfall sind Sie das Opfer, das gezwungen ist, als letzten Ausweg zur Waffe zu greifen. Es ist nicht mehr als der letzte Ausweg der in die Enge getriebenen Kreatur, der Kampf um das nackte Überleben.

Dieses Ringen um das „Mit-dem-Leben-davonkommen" hat nichts heroisches, sondern geht mit der Zerstörung oder Verwundung eines anderen Lebens, eines anderen Menschen einher und steht damit im Widerspruch zu unserer humanistischen Bildung und Erziehung. Wenn Sie in eine solche Situation geraten, werden Sie auf Ihren animalischen Ursprung, auf Ihren Selbsterhaltungstrieb reduziert. Dieses Ereignis wird Ihr weiteres Leben beeinflussen, es wahrscheinlich sogar drastisch verändern. Vielleicht lässt es Sie nie wieder los.

Das Bewusstwerden dieser Möglichkeit sollte bei Ihnen eine Veränderung in Ihrem Umgang mit Konflikten bewirken. Bevor eine Situation so weit eskaliert, dass Sie zur Waffe greifen müssten, sollten Sie unbedingt **alles** tun, um sie mit friedlichen Mitteln zu entschärfen.

Die Tatsache, dass Sie über eine Waffe verfügen, sollte Sie so lange wie möglich davon abhalten, sie zu benutzen.

2.1 Kann mich eine Gaswaffe schützen

Ist eine Gas- oder Schreckschusswaffe **überhaupt** zur Selbstverteidigung geeignet, oder ist es nur Spielzeug, nur eine gefährlich trügerische Sicherheit, nur etwas für Halbstarke zum Prahlen und Posen? Gerade von Besitzern scharfer Waffen höre ich oft diese Argumentation. Bringt nichts, da kommt nur heiße Luft raus, absolut nutzlos, eher gefährlich für einen selbst, am besten noch zum Werfen geeignet.

Wir sollten uns zuerst fragen, was wir denn mit unserer Selbstverteidigung erreichen wollen. Wollen wir einen Angreifer töten? Nicht unbedingt, wenn es denn nicht sein muss, wird wohl jeder halbwegs humanistisch Gebildete antworten. Soll der Angreifer kampfunfähig werden? Ja, na klar, aber bitte möglichst ohne schwere Verletzungen! Zumindest so lange, bis wir weit genug weg sind. Die wenigsten von uns werden den Ehrgeiz haben, den Täter solange festzuhalten, bis die Polizei da ist. Müssen wir auch nicht.

Damit kommen wir zu dem Punkt: **wir wollen uns als normaler Bürger in einer bedrohlichen Situation zumindest soviel Zeit erkämpfen, um schnellstmöglich sicher fliehen zu können**. Und wenn es nur ein paar Sekunden sind, die wir gewinnen können, am liebsten auch ohne den Angreifer gleich zum Krüppel zu machen, selbst wenn der es in unseren Augen verdient hätte – aber da kommt immer etwas hinterher, eine Gegenanzeige wegen gefährlicher Körperverletzung vielleicht, mit Strafandrohung und Schmerzensgeldansprüchen. Es wäre natürlich schön, wenn wir mit einer Wunderwaffe eine ganze Bande Krimineller ganz human in Schach halten könnten, aber diese Waffe gibt es leider nicht. Wenn wir nicht fliehen können, werden wir uns vielleicht in einem Kampf auf Leben und Tod wiederfinden, mit ungewissem Ausgang und ohne Regeln.

Nun, was bietet uns dabei eine Gaswaffe? Eine häufige Annahme: Drohpotential, weil es aussieht wie eine scharfe Waffe, der oder die Angreifer bekommen dann vielleicht Angst und hauen ab. Ist das wirklich so? In den USA, so schätzt man, werden jedes Jahr etwa 1,5 bis 2 Millionen Straftaten allein durch das Zeigen einer Waffe verhindert, ohne dass es überhaupt zu einem Schuss kommt. Aber: dies sind meist auch scharfe Waffen! Das Drohpotential hierzulande dürfte eher gegen Null gehen, da jeder weiß, das es nicht so viele scharfe Waffen bei den Bürgern gibt! Die Kriminellen sind da eindeutig: „Vor Gasern haben wir keine Angst." Also vergessen Sie es bitte, durch Drohungen mit Ihrer Gaswaffe irgendetwas erreichen zu wollen. Das kann nur eine seltene Ausnahme sein.

Wir haben eine Waffe, die Kartuschenmunition – also ohne Geschoss – verschießt. Dabei kommt wirklich erst einmal, abhängig von der verwendeten Munition, „heiße Luft" heraus. ABER: Diese heißen Gase des Mündungsfeuers können eine Temperatur von bis zu 3000 Grad Celsius erreichen und 27 cm weit reichen. Der Knall erreicht 25 cm bis ca. 2 m vor der Waffe einen Schall von bis zu 180 Dezibel (ab 160 dB sind bleibende Gehörschäden möglich). Die

Strömungsgeschwindigkeit der heißen Gase kann an der Mündung bis zu ca. 3500 m/s (ca. neunfache Schallgeschwindigkeit) betragen. Hieraus resultieren an der Mündung sogenannte Energiestromdichten die ausreichend sind, Gewebe und Knochen zu durchschlagen und Wundhöhlen bis 5 cm Tiefe zu erzeugen. Die Werte stammen aus der Habilitation von Dr. Rothschild, Rechtsmediziner, Berlin 1999, der Todesfälle durch Schreckschusswaffen untersucht hat. Diese Energie nimmt zwar laut anderer Untersuchungen bereits nach wenigen **Millimetern (!)** Abstand stark ab und hat nach 5 mm etwas weniger als die Hälfte der Energie (immer noch ausreichend für Gewebe- und Knochenverletzungen) und erst bei 10 mm Entfernung sinkt sie unter den Grenzwert für Gewebeverletzungen. Schwere Augenverletzungen sind noch bei Entfernungen von einem Meter möglich! Durch aufgesetzte Schüsse auf Brust oder Kopf sind genügend Todesfälle dokumentiert. Wirklich nur Spielzeug? Ich bin da anderer Meinung. Es sind Waffen, die natürlich ihre engen Grenzen haben, die ich im weiteren Verlauf der Kapitel deutlich machen will. Ich kann mich, den Umständen entsprechend, auch mit einem Buch, einer zusammengerollten Zeitschrift, einer Taschenlampe (ein übrigens sehr empfehlenswertes Selbstverteidigungsgerät!) oder einem Bleistift verteidigen. Da soll eine Gaswaffe von vornherein völlig ungeeignet sein? Zumindest das Erkaufen von einigen Schrecksekunden beim Angreifer durch blendendes Mündungsfeuer, lauten Knall und eventuelle Wirkung von Reizstoffen sollte bei dem überraschenden Einsatz einer Gaswaffe möglich sein.

Für welchen Personenkreis eignet sich eine Gaswaffe als Verteidigungsmittel? Diese Frage ist nicht allgemeingültig zu beantworten. Die Antwort könnte heißen: für alle Personen, die gern eine scharfe Waffe führen würden, jedoch an den Hürden des Waffengesetzes auf dem Weg zu einem Waffenschein scheitern.

Es kann für den Geschäftsmann, der am Abend seine Tageskasse zur Bank tragen will, durchaus sinnvoll sein, sich mit einer Gaswaffe auszurüsten. Unter dem Ladentresen eine Gaswaffe griffbereit zu haben, könnte Ihre Tageseinnahmen retten. Wer abends oder nachts allein mit dem Auto unterwegs ist - Taxifahrer, Dienstreisende, Bus- und LKW-Fahrer - könnte sich im Ernstfall vielleicht wirkungsvoll mit einer Gaswaffe verteidigen. Abendliches Joggen oder Spazierengehen verliert mit einer Gaswaffe etwas von seinem Schrecken. Unter Umständen können wir uns vor bösartigen Hundeangriffen schützen.

Jedoch unterliegt eine Gaswaffe einigen Einschränkungen, die im Waffengesetz und nicht zuletzt in der Natur der Waffe selbst begründet sind. So ist eine Gaswaffe schon als kleine Taschenpistole ein Objekt von gewissen Ausmaßen und einem nicht unbeträchtlichen Gewicht. Jeder am Kauf einer Gaswaffe Interessierte sollte daher prüfen, ob er bereit ist, ein solches Objekt ständig - zumindest im Gefährdungsfall - mit sich zu führen.

Nicht wenige Waffen, die ursprünglich zum Selbstschutz angeschafft wurden, landen allein auf Grund ihrer Größe und ihres Gewichtes in irgendeiner Schublade, wo sie im Ernstfall nicht zur Verfügung stehen. Deshalb ist es klüger, im Zweifel die kleinere, handlichere und leichtere Waffe zu wählen.

Wir müssen auch prüfen, gegen wen und wo ich mich bei einem Angriff zur Wehr setzen muss. Die Gaswolke, die ich mit meiner Waffe verschießen kann, hat bei gutem Wetter und Windstille eine Reichweite von ca. 1,5 bis 2,5, vielleicht auch 3 Meter. Eine recht kurze Distanz! Regen drückt die Gaswolke zu Boden, Wind kann sie sogar gegen uns selbst wenden - es wird das genaue Gegenteil des Beabsichtigten erzielt. Wir setzen uns selbst außer Gefecht und sind dem Angriff schutzlos ausgeliefert. Im Freien ist es damit vom Wetter abhängig, ob ich meine Waffe überhaupt einsetzen kann! Theoretisch eignen sich geschlossene Räume, in denen man selbst der Wolke ausweichen könnte, für den Einsatz eigentlich am besten. Aber hier muss ich beachten, dass es durch den Knall zu erheblichen Gesundheitsschäden kommen kann (Knalltrauma), und nach dem Einsatz von Reizstoff ist der Raum lange Zeit unbenutztbar. Also eher praxisfern.

Will ich die Waffe für den Schutz beim dunklen Nachhauseweg nach einer Veranstaltung, muss ich daran denken, dass ich die Waffe zu einer öffentlichen Veranstaltung (Kino, Theater, Volksfest, Stadion) – selbst mit „Kleinem Waffenschein“ - gar nicht mitführen darf! Mehr dazu im Kapitel 6.

Als Alternative bieten sich Gassprays an, die ich im Jackett oder in der Handtasche mitführen kann. Frauen werden meist ein Gasspray bevorzugen, da das Hantieren mit einer Waffe doch eher eine Männerdomäne ist. Dazu mehr im letzten Kapitel des Buches.

Zusammenfassend sollten wir uns folgende Fragen stellen, bevor wir ins Waffengeschäft gehen:

1. Kann und will ich eine relativ große und schwere Waffe in gefährlichen Situationen (besser noch ständig) bei mir tragen?
2. Ist die Gaswaffe mit einer Reichweite von ca. 2,5 Metern geeignet, die potentiellen Täter, vor denen ich mich schützen will, abzuwehren?
3. Ist der Einsatz in dem Umfeld, in dem ich die Gefährdung erwarte (Raum, Auto, Weg, Wetter) überhaupt möglich?
4. Ist das Führen der Gaswaffe in diesem Umfeld erlaubt?
5. Bin ich selbst in der Lage, in einer solchen Situation die Waffe wirksam einzusetzen, ohne mich selbst zu gefährden?

Wenn Sie diese Fragen teilweise oder vollständig bejahen können, lohnt es sich in die nächsten Kapitel zu schauen. Wenn nicht, könnte immer noch das letzte Kapitel über die Gassprays für Sie interessant sein, das Sie aber sowieso aufmerksam lesen sollten – denn eigentlich kommen wir als Gaswaffenbesitzer am Thema Gasspray nicht vorbei.

2.2 Die Gaswaffe in der Selbstverteidigung

Der Schutz der eigenen oder einer anderen Person sowie seines Hab und Gutes ist ein gesetzlich verankertes Grundrecht, das notfalls auch mit der Waffe ausgeübt werden darf. Die Selbstverteidigung ist jedoch juristisch - als Notwehr oder Nothilfe (gegen Hunde Notstand) bezeichnet - eine Gratwanderung. Schon mancher Bürger, der sich oder andere nur zu verteidigen glaubte, fand sich anschließend mit einer Klage auf Schmerzensgeld oder einer Anklage wegen Körperverletzung oder Überschreitung der Notwehr konfrontiert.

Die Waffe sollte immer das allerletzte Mittel sein, eine Konfrontation zu beenden.

Auszüge aus dem Strafgesetzbuch (StGB)
Notwehr und Notstand

Notwehr § 32 StGB

(1) Wer eine Tat begeht, die durch Notwehr geboten ist, handelt nicht rechtswidrig.

(2) Notwehr ist die Verteidigung, die erforderlich ist, um einen gegenwärtigen rechtswidrigen Angriff von sich oder einem anderen abzuwenden.

Rechtfertigender Notstand § 34 StGB

Wer in einer gegenwärtigen, nicht anders abwendbaren Gefahr für Leben, Leib, Freiheit, Ehre, Eigentum oder ein anderes Rechtsgut eine Tat begeht, um die Gefahr von sich oder einem anderen abzuwenden, handelt nicht rechtswidrig, wenn bei Abwägung der widerstreitenden Interessen, namentlich der betroffenen Rechtsgüter und des Grades der ihnen drohenden Gefahren, das geschützte Interesse das beeinträchtigte wesentlich überwiegt. Dies gilt jedoch nur, soweit die Tat ein angemessenes Mittel ist, die Gefahr abzuwenden.

Überschreitung der Notwehr § 33 StGB

Überschreitet der Täter die Grenzen der Notwehr aus Verwirrung, Furcht oder Schrecken, so wird er nicht bestraft.

Entschuldigender Notstand § 35 StGB

1) Wer in einer gegenwärtigen, nicht anders abwendbaren Gefahr für Leben, Leib oder Freiheit, eine rechtswidrige Tat begeht, um die Gefahr von sich, einem Angehörigen oder einer anderen ihm nahestehenden Person abzuwenden, handelt ohne Schuld. Dies gilt nicht, soweit dem Täter nach den Umständen, namentlich weil er die Gefahr selbst verursacht hat oder weil er in einem besonderen Rechtsverhältnis stand, zugemutet werden konnte, die Gefahr hinzunehmen; jedoch kann die Strafe nach § 49 Abs. 1 gemildert werden, wenn der Täter nicht mit Rücksicht auf ein besonderes Rechtsverhältnis die Gefahr hinzunehmen hatte.

2) Nimmt der Täter bei Begehung der Tat irrig Umstände an, welche ihn nach Absatz 1 entschuldigen würden, so wird er nur dann bestraft, wenn er den Irrtum vermeiden konnte. Die Strafe ist nach § 49 zu mildern.

Dabei sind alle unsere Rechtsgüter auch notwehrfähig. Leben, Gesundheit, Freiheit, Eigentum, Ehre und viele andere. Ein wichtiger Grundsatz unseres Rechtsstaates lautet: **Das Recht muss dem Unrecht nicht weichen.** Aber ich muss das mildeste Mittel anwenden, das eine sofortige Beendigung des Angriffes verspricht.

Dazu ein Hinweis zur Formulierung der „**notwendigen** Verteidigung" und des „rechtswidrigen, **gegenwärtigen** Angriffs". Diese Begriffe sind bei der Bewertung einer Verteidigungshandlung vor Gericht – und damit müssen Sie nach dem Einsatz einer Gaswaffe rechnen! – von entscheidender Bedeutung. Angenommen, Sie werden von einem Angreifer mit einem Messer bedroht. Die Verteidigung mit der Gaswaffe wäre dann nicht notwendig, wenn Sie andere, für den Täter ungefährlichere Abwehrmethoden anwenden könnten. Also wenn Sie z.B. das Messer mit einem Stock wegschlagen könnten. Oder wenn Sie selbst die Möglichkeit zur Flucht haben. Der Angriff ist auch nur in dem Moment gegenwärtig, wenn der Täter tatsächlich zusticht oder mit absoluter Sicherheit zustechen will – und nicht, wenn er nur damit droht. Er ist vor allen Dingen nicht mehr gegenwärtig, wenn der Täter flüchtet oder aufgibt. Sie sehen, wie genau der Einsatz Ihrer Waffe überlegt sein muss und wie eng der Spielraum des Gesetzes der Notwehr eigentlich ist! Und dies müssen Sie im Stress einer Verteidigungshandlung beurteilen, vielleicht in Sekundenbruchteilen!

Die Überschreitung der Notwehr bleibt auch nur bei exakt den erwähnten Zuständen „Verwirrung, Furcht oder Schrecken" straffrei!

Eine Gaswaffe macht nicht unbesiegbar. Eine Gaswaffe ist vor allem kein wirksames Verteidigungsmittel gegen skrupellose Verbrecher mit scharfen Waffen. Eine Gaswaffe kann neben ihrem Verteidigungswert auch eine Provokation darstellen, die einen Täter zu noch brutaleren Methoden greifen und eine heikle Situation erst recht eskalieren lässt.

Deshalb kann es in vielen Situationen durchaus klüger sein, auf den Einsatz der Waffe zu verzichten und nachzugeben. Ich wage sogar zu behaupten, dass es in den **meisten** Situationen klüger ist, die Waffe stecken zu lassen und einen anderen Ausweg zu suchen.

Im Abschnitt 2.1 wurde gesagt, dass eine Gaswaffe unter dem Ladentresen Ihre Tageskasse retten kann. **Wenn Sie diese Waffe hervorholen, könnte es auch Ihr Leben kosten!** Es lohnt sich nicht, den Helden spielen zu wollen. Einige, die das versuchten, mussten es mit dem Leben bezahlen. Da kann aus einem Helden schnell ein Dummkopf werden.

Es ist immer klüger, eine heikle Situation nicht so weit eskalieren zu lassen, dass ein Waffeneinsatz notwendig wird. Und jeder sollte sich fragen, ob der Inhalt seiner Brieftasche es wert ist, dafür seine Gesundheit, sein Leben oder auch seine Freiheit zu riskieren. Allerdings sind auch genügend Menschen von Tätern misshandelt oder sogar getötet worden, obwohl sie widerstandslos alles herausgegeben haben.

In der absoluten Notsituation muss schnell und sicher gehandelt werden, wenn es sein muss mit der Waffe; und wenn es sein muss ohne Rücksicht auf die Gesundheit des Angreifers. Dieser hat sich seine Verletzungen selbst zuzuschreiben und verdient keine Rücksicht und kein Mitleid mehr.

Aber die Reaktion auf einen Angriff muss immer angemessen sein, um nicht zu guter Letzt selbst als Angeklagter vor Gericht zu stehen. Gerade der etwas schwammige Begriff der Erforderlichkeit kann schnell dazu führen, dass Sie im Nachhinein vom Opfer zum Täter gemacht werden.

Versuchen Sie lieber, jeder gefährlichen Situation von vornherein aus dem Wege zu gehen. Das kann bedeuten, ein Taxi zu nehmen statt den dunklen Fußweg nach Hause. Dies kann auch bedeuten, bei entgegen kommenden düsteren Gestalten rechtzeitig die Straßenseite zu wechseln, oder im Zweifelsfalle lieber schnellstens die Beine in die Hand zu nehmen! Das kann heißen, eine Beleidigung oder eine Provokation in der Kneipe zu ignorieren, zu zahlen und zu gehen. Das kann heißen, auf sein Recht zu verzichten und nachzugeben. Dies in einer Situation richtig abzuwägen ist eines der größten Probleme dabei.

„Ein Kampf, der nicht stattgefunden hat, ist ein gewonnener Kampf.“ sagten die japanischen Samurai, bekannt für ihren Mut und ihre kämpferischen Fähigkeiten.

Wenn jedoch eine Konfrontation unvermeidbar ist, muss der Einsatz der Waffe wohl überlegt und besonnen erfolgen. Die Entscheidung über den Waffeneinsatz muss zugleich schnell und vor allem rechtzeitig erfolgen. Deshalb ist es von Vorteil, in Gedanken die verschiedensten Konflikt- oder Überfallsituationen durchzuspielen.

„Was wäre, wenn ich jetzt von diesem Mann angegriffen würde, verbal oder mit physischer Gewalt? Wie würde ich reagieren, wie könnte ich ausweichen? Wie könnte ich deeskalierend oder beruhigend auf ihn einwirken? Wie könnte er darauf reagieren? Wann müsste ich spätestens meine Waffe einsetzen, um nicht Schaden an Gesundheit oder Besitz zu nehmen? Könnte ich die Waffe überhaupt einsetzen?“

Solche Vorstellungen von möglichen Verteidigungsszenarien werden „mentales Training“ genannt und spielen eine zunehmend wichtige Rolle auch in der Ausbildung von Waffenträgern und Sicherheitskräften. Durch dieses Training können wir Erfahrungen sammeln, die wir sonst nur in realen Situationen erleben könnten. Durch intensives, detailliertes gedankliches Vorstellen der Situation und unserer Reaktionen darauf trainieren wir unser Gehirn, das bei richtiger Ausführung die gewonnenen Erfahrungen als „echt“ akzeptiert, abspeichert und bei Bedarf darauf zurückgreift. Das sollte wie ein Film in unserem Kopf ablaufen; mit allen Details der Situation, allen Bewegungen, Geräuschen und Empfindungen. Dieser Film kann in Zeitlupe ablaufen, dann in „Echtzeit“; man kann „vor-

und zurückspulen", Fehler korrigieren usw. Die Wirksamkeit eines solchen mentalen Trainings ist unbestritten, eine ausführlichere Darstellung würde aber den Rahmen dieses Buches sprengen. Aber interessieren Sie sich dafür, sie werden genügend Informationen dazu finden!

Sie werden sich nicht jede mögliche Situation vorstellen können, aber ein ständiges gedankliches Training wird Ihr Urteilsvermögen in einer Konfrontation schärfen. Zeit dafür ist in jedem Stau und in jedem Wartezimmer.

Sie sollten sich zugleich immer wieder bewusst werden, dass Sie über den Einsatz einer **Waffe** nachdenken. Sie können mit einem Schuss aus Ihrer Gaswaffe einen Menschen seines Augenlichtes berauben, sein Gesicht für immer durch Brandnarben entstellen, ihn vielleicht sogar töten. Sie müssen mit den rechtlichen Konsequenzen und vor allem mit Ihrem Gewissen fertig werden.

Gaswaffen können nur **eine Möglichkeit** der Verteidigung sein, die auch nur **in wenigen Situationen** erfolgversprechend und sinnvoll ist. Aber in diesen wenigen Situationen, wenn nichts mehr geht, wenn Ihre Habe oder Ihre Gesundheit, vielleicht sogar Ihr Leben oder das von anderen auf dem Spiel steht, müssen Sie eine geeignete Waffe sicher und schnell beherrschen und wirksam einsetzen. Darauf möchte ich Sie vorbereiten.

Aber informieren Sie sich unbedingt auch über andere Möglichkeiten der Verteidigung: mit Händen und Füßen, mit dem Mund (Reden!), mit anderen Waffen wie Stöcken oder Messern oder auch unkonventionellen Waffen wie Regenschirmen, Bierflaschen, Schlüsseln oder Stiften. Lernen Sie den Umgang mit geeigneten Taschenlampen, ein wirksames und überall sehr legales Selbstverteidigungsmittel. Besuchen Sie möglichst viele Selbstverteidigungskurse und trainieren Sie das, was Ihnen am besten liegt.

3. Die Qual der Wahl: Waffen, Kaliber, Munition

Der Fachhandel on- und offline hält ein großes Sortiment der unterschiedlichsten Gas- und Schreckschusswaffen in verschiedenen Kalibern vorrätig. Spätestens im Waffengeschäft stehen Sie vor der Frage, welche Waffe mit welcher Munition für Sie die richtige Wahl ist.

Grundsätzlich sollte vor jedem Kauf die Frage nach dem Einsatzzweck stehen, denn dieser bestimmt schon einmal das Format der Waffe. Sie können von der kleinen Taschenpistole bis zur „Zimmerkanone“ fast alles erhalten, was das Herz begehrt. Da zum Zwecke der persönlichen Selbstverteidigung am ehesten Kurzwaffen (Pistolen und Revolver) geeignet sind, möchte ich bei meinen Betrachtungen auf den Bereich der Langwaffen (Gewehre) verzichten.

Die Vielfalt an Gaswaffen und Munition ist auf den ersten Blick verwirrend.

Die Grundsatzfrage, ob die Pistole oder der Revolver für die Selbstverteidigung besser geeignet wäre, lässt sich nicht allgemein beantworten. Vor- und Nachteile beider Typen müssen Sie mit Hilfe der nachfolgenden Ausführungen gegeneinander abwägen und mit dem vorgesehenen Einsatzzweck vergleichen.

Im Folgenden werden verschiedene Modelle als Beispiele genannt, die jedoch bei weitem keinen Gesamtüberblick über die erhältliche Waffenpalette bieten. Sie können daher im Waffengeschäft nach Ihren persönlichen Vorlieben und Bedürfnissen auswählen.

Es gibt natürlich auch nicht empfehlenswerte Waffen, die mit bestimmter Munition Schwierigkeiten haben, die schlecht verarbeitet sind oder zu Funktionsstörungen neigen. Eine unzuverlässige Waffe nützt Ihnen im Ernstfall nichts!

Sie sollten deshalb vor dem Kauf periodisch erscheinende Testberichte in Fachzeitschriften zu Rate ziehen. Eine sehr gute Quelle sind Foren im Internet, in denen Sie Testberichte, Filme und Erfahrungen von Besitzern bestimmter Waffenmodelle finden können. Über die Wirkungsweise verschiedener Munition gibt es Tests und Filmberichte. Die Möglichkeiten des Internets gehen weit über die Leistungsfähigkeit dieses Buches hinaus, daher nutzen Sie dieses gesammelte Wissen. Eine gute Adresse ist hier das größte deutschsprachige Forum für freie Waffen **„www.co2air.de“**, wo es neben Druckluft- und CO2-Waffen auch um Gas- und Schreckschusswaffen geht. Ebenso empfehlenswert, wenn es sich auch hauptsächlich mit scharfen Waffen beschäftigt, ist das Forum von **„www.waffen-online.de“**.

3.1 Einteilung nach Größe, Funktionsweise und Wirksamkeit

Die Mehrzahl der erhältlichen Gas- und Schreckschusswaffen sind scharfen Waffen nachgebildet, zum Teil von den Originalherstellern lizenziert. Es bietet sich daher an, eine vereinfachte Unterteilung analog den scharfen Waffen vorzunehmen.

Gaspistolen funktionieren im Gegensatz zu den meisten scharfen Vorbildern größerer Kaliber mit einem Masseverschluss. Dieser ist wesentlich einfacher zu konstruieren als andere komplizierte Verschlusssysteme (z.B. Browning-Verschluss, Walther-Block-Verschluss usw.) und ist für den relativ geringen Gasdruck von Knall- und Gaspatronen ausreichend. Beim Masseverschluss wird des Verschließen des Systems durch die Masse des Pistolenschlittens und die Kraft der Verschlussfeder erreicht, die den Schlitten nach vorn drückt.

Auf Grund der Detailtreue und des großen Angebotes kann auch das Sammeln von Schreckschusswaffen eine reizvolle Aufgabe darstellen. Leider kommen nur noch selten neue Modelle auf den Markt, einige Waffen sind auch nur noch gebraucht erhältlich, da entweder der Hersteller nicht mehr existiert oder die Waffen nicht mehr hergestellt werden.

Verteidigungswaffen

Verteidigungswaffen sind kleine, handliche Modelle, die möglichst ständig verdeckt am Körper geführt werden und der persönlichen Selbstverteidigung des Trägers dienen. Sie werden oft in Taschenholstern oder Inside-Belt-Holstern (im Hosenbund) getragen. Als Gaswaffe sollte das gewählte Kaliber eine ausreichende Wirkung haben (.315 oder 9mm).

Die scharfen Ausführungen haben ein mittleres Kaliber (von .22 bis 9mm kurz) und werden praktisch zur Verteidigung auf Nahdistanzen bis ca. 15 Meter eingesetzt.

Combatwaffen

Combatwaffen sind relativ große, schwere Waffen, die in Gürtel- oder Schulterholstern offen oder verdeckt getragen werden. Als scharfe Waffen in großen Kalibern (9mm Para bis .45 ACP) werden sie bei Schussentfernungen bis 50 Meter und mehr eingesetzt. Sie werden bei Polizei und Armee als Gebrauchswaffen für den Kampf geführt. In der Schreckschuss- bzw. Gasausführung werden sie meist im Kaliber 9mm gefertigt, das eine gute Effektivität bietet.

Auf Grund ihrer Größe bieten sich Combatwaffen hauptsächlich als „Heimverteidigungswaffen“ an, das heißt gut versteckt, aber leicht zugänglich im Haus platziert, um Einbrecher zu verjagen. Für das ständige Führen sind sie meist zu unhandlich und machen nur Sinn, wenn ein gewisses „Drohpotential“ erfolgversprechend erscheint oder die größere Magazinkapazität gefragt ist.

Als ständigen Begleiter sollten Sie sich eine der kleinen Verteidigungswaffen aussuchen. Tests haben ergeben, dass die Reichweite der Gaswolke eines Kalibers **immer gleich** ist, egal ob sie aus einem 6“-Lauf oder einem 2“-Lauf verschossen wird. Sie tragen mit einer großen Waffe nur unnötiges Gewicht herum. Oft sind kurze Lauflängen sogar besser für die Wirksamkeit.

Wichtiger für die Reichweite der Gaswolke sind die Sperren, die der Gesetzgeber als Schutz vor illegalen Umbauten in den Läufen von Schreckschuss- und Gaswaffen vorschreibt. Hier können durch ungünstige Anordnungen Verwirbelungen im Lauf entstehen, die die Wirksamkeit der Wolke beeinträchtigen. Es lohnt sich, vor dem Kauf den Lauf auf seine Durchgängigkeit zu untersuchen, indem man in die Mündung schaut und ein Stück weißes Papier an das andere Ende hält. Ältere Gaswaffenmodelle habe hier oft durchlässigere Läufe, da diese nach Änderungen der PTB-Zulassungsbestimmungen durch die Hersteller oft stark „zugebaut“ wurden. Sie können also von manchen Waffen Exemplare mit unterschiedlichen PTB-Zulassungsnummern finden, wobei sich diese oft in der Laufsperre unterscheiden. Näheres hierzu finden Sie in den angegebenen Foren im Internet.

Ein wichtiger rechtlicher Hinweis: wenn wir hier über Gas- und

Schreckschusswaffen sprechen, sind immer in Deutschland zugelassene Waffen mit der PTB-Nummer im Kreis gemeint (auf der Waffe dauerhaft angebracht). Alle Waffen, die nicht über dieses Zeichen verfügen und z.B. aus dem Ausland stammen, sind in Deutschland nicht erlaubt und können beim Umgang straf- oder ordnungsrechtliche Konsequenzen nach sich ziehen.

Jede in Deutschland zugelassene Schreckschusswaffe zeigt die PTB-Nummer im Kreis. Hier die sehr bekannte PTB-Nummer des HW88.

Single-Action-Pistolen

Die kleinsten Vertreter der Pistolen sind Single-Action-Waffen (SA), jedoch auch größere Pistolen funktionieren nach diesem Prinzip. Es bedeutet, dass vor dem ersten Schuss die Waffe durchgeladen werden muss, um gleichzeitig den Hahn zu spannen, oder bei einer bereits duchgeladenen und entspannten Waffe der Hahn von Hand gespannt werden muss.

Meine Empfehlung zum Führen von Pistolen lautet, die Waffe durchgeladen, entspannt und entsichert zu führen, damit im Ernstfall sofort geschossen werden kann. Dies ist bei SA-Waffen nicht möglich, da sie entweder ungespannt oder gesichert getragen werden sollten. Sie sind damit nicht sofort einsatzbereit.

Das Führen von gespannten und entsicherten SA-Pistolen ist für ungeübte Benutzer viel zu gefährlich, ein ungewollter Schuss ist nahezu vorprogrammiert.

Da das gleichzeitige Ziehen und Durchladen (oder Spannen bzw. Entsichern) der Pistole nur von Profis mit viel Übung fehlerfrei beherrscht wird, möchte ich SA-Pistolen zur Selbstverteidigung nicht uneingeschränkt empfehlen. Oft ist die zweite Hand zum Durchladen auch gar nicht frei, z.B. wegen eines Aktenkoffers. Für geübte Nutzer jedoch, die genau wissen, was sie tun, finden sich jedoch sehr führige und geeignete SA-Waffen.

Erwähnenswert ist die Zoraki M 906, da die Waffen des türkischen Herstellers ATAK Arms sehr solide gebaut und gut verarbeitet sind. Viele Berichte und meine persönliche Erfahrung sprechen auch von einer hohen Zuverlässigkeit. Diese kleine SA-Taschenpistole fasst sechs Schuss im Magazin (plus ggf. einer im Patronenlager). Diese Waffe könnte z.B. geladen, ungesichert und mit dem entspannten Hahn in der Sicherheitsrast geführt werden, vor dem Schuss muss sie dann nur noch gespannt werden. Aber schon das Entspannen ist nur im ungesicherten Zustand möglich, beim Abrutschen kann es zur Schussauslösung kommen. Eine andere Möglichkeit wäre das Führen nur unterladen, d.h. wenn geschossen werden muss ist zuvor durchzuladen (Zeitverlust). Von einem Führen im Zustand gespannt und gesichert würde ich bei dieser Waffe abraten, da ich die Sicherung dafür als zu „fummelig“ empfinde.

Wegen der geringen Größe erwähnenswert ist die noch kleinere und preiswerte Record Mod. 15-9. Diese verfügt nicht einmal über einen außenliegenden Hahn, kann also nicht entspannt werden! Die ansonsten sehr handliche Pistole kann also nur in unterladenem Zustand sicher geführt werden und muss im Ernstfall erst durchgeladen werden.

SA-Waffen zu führen sollte also entsprechend geübten Nutzern vorbehalten sein und ist nicht grundsätzlich zu empfehlen.

Der Klassiker unter den Single-Action-Pistolen ist der legendäre COLT Goverment 1911 A1, hier die lizenzierte Gasversion von UMAREX. Eine große Combatwaffe.

Eine sehr führige kleine Single-Action-Pistole im Kaliber 9mm P.A.K. ist die ZORAKI M 906 ohne scharfes Vorbild.

Double-Action-Pistolen

Eine moderne Double-Action-Pistole ist eine sehr empfehlenswerte Verteidigungswaffe, wenn es sich um ein zuverlässiges Modell handelt. Double-Action (DA) bedeutet, dass der Abzug sowohl im SA-Modus nach vorheriger Hahnspannung als auch bei ungespanntem Hahn durchgezogen werden kann. Dabei wird der Hahn gespannt und anschließend sofort der Schlagbolzen betätigt.

Die meisten DA-Waffen erlauben das ständige Führen im durchgeladenen, entspannten und entsicherten Zustand. Wegen der relativ hohen Kraft, die zum

Durchdrücken des Abzugs ohne vorherige Hahnspannung benötigt wird, ist die Waffe so in keinem anderen Zustand als ein Revolver. Zudem lassen sich die sicherheitsrelevanten Tätigkeiten (durchladen, entspannen, entsichern sowie das Entladen) in Ruhe und ungestört zu Hause erledigen. Im Ernstfall kann sofort geschossen werden. Bei modernen Pistolen wird zunehmend sogar auf die manuelle äußere Sicherung ganz verzichtet, und es kommen nur innenliegende, automatisch wirkende Sicherungen zum Einsatz. Oft haben wir dann einen Entspannknopf oder -hebel, um die Waffe nach dem Durchladen gefahrlos zu entspannen (z.B. bei Sig-Sauer oder Walther). Sogenannte teilvorgespannte oder Double-Action-Only-Systeme kommen auch ohne diese aus (z.B. Glock). Aber solche Systeme finden wir bei Gaswaffen selten.

Das führt jedoch dazu, dass z.B. die DA-Pistole ZORAKI 917 nicht entspannt werden kann, da ein Entspannmechanismus fehlt. Eine äußere Sicherung gibt es nicht. Ein Führen der geladenen, gespannten (und ungesicherten) Waffe wäre sehr gefährlich. Dank des echten DA-Abzuges ist bei diesem Modell ein kleiner Trick möglich: bei der entspannten Waffe wird der Schlitten nur so weit zurück gedrückt, dass durch das Hülsenauswurffenster eine Kartusche in das Patronenlager „gefummelt" werden kann. Dadurch ist die Waffe geladen, bleibt aber entspannt. Aber wirklich sicher und zu empfehlen ist das nicht.

Das höhere Abzugsgewicht, das bei einer scharfen DA-Waffe zu einem verrissenen ersten Schuss führen könnte, interessiert uns als Gaswaffenschützen kaum. Wir wollen lediglich eine Gaswolke, die einen Durchmesser bis zu einem Meter haben kann, in Richtung eines Angreifers bringen. Dafür dürfte es immer reichen, wenn der Abzug nicht zu schwergängig ist. Probieren Sie deshalb im Geschäft den Abzug trocken aus, nachdem Sie den Händler um Erlaubnis gefragt haben.

Die ERMA EGP 490 im Kaliber 9mm P.A.K. verfügt über Gummigriffschalen. ERMA-Waffen sind nur noch recht teuer aus zweiter Hand erhältlich, aber von hoher Qualität und immer empfehlenswert.

Die ERMA EGP 790 ist der WALTHER PPK nachempfunden. Das starke Kaliber 9mm P.A.K. erlaubt allerdings nur 5 Patronen im Magazin.

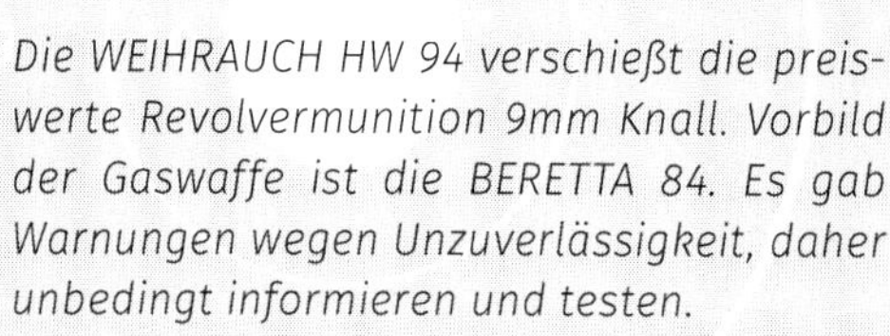

Die WEIHRAUCH HW 94 verschießt die preiswerte Revolvermunition 9mm Knall. Vorbild der Gaswaffe ist die BERETTA 84. Es gab Warnungen wegen Unzuverlässigkeit, daher unbedingt informieren und testen.

Eine sehr handliche Waffe im Kaliber 9mm P.A.K ist die RG 88 von RÖHM. Die Marke Röhm gehört heute zu UMAREX.

Ebenfalls sehr handlich und dazu sehr zuverlässig: die ZORAKI Mod. 914 ohne exaktes scharfes Vorbild. Kapazität 14 Schuss im Kaliber 9mm P.A.K.

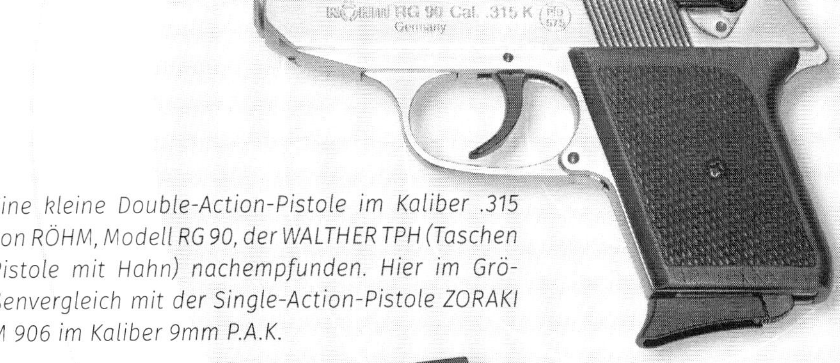

Eine kleine Double-Action-Pistole im Kaliber .315 von RÖHM, Modell RG 90, der WALTHER TPH (Taschen Pistole mit Hahn) nachempfunden. Hier im Größenvergleich mit der Single-Action-Pistole ZORAKI M 906 im Kaliber 9mm P.A.K.

Die RG 100 von RÖHM ist der WALTHER PPK nachempfunden.

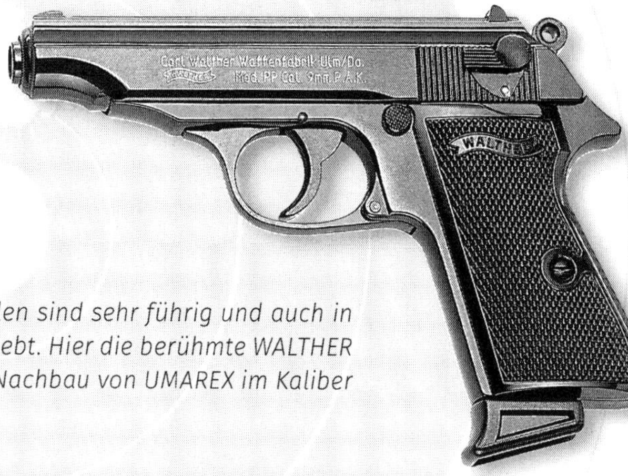

Die WALTHER-Pistolen sind sehr führig und auch in der Gasversion beliebt. Hier die berühmte WALTHER PP als lizenzierter Nachbau von UMAREX im Kaliber 9mm P.A.K.

Die WALTHER PPK im Kaliber .315 ist der „kleine Bruder" der PP.

Die SIG-Sauer P 225 war lange bei der deutschen Polizei im Einsatz, die Gaswaffe von GECO hat das Kaliber 9mm P.A.K.

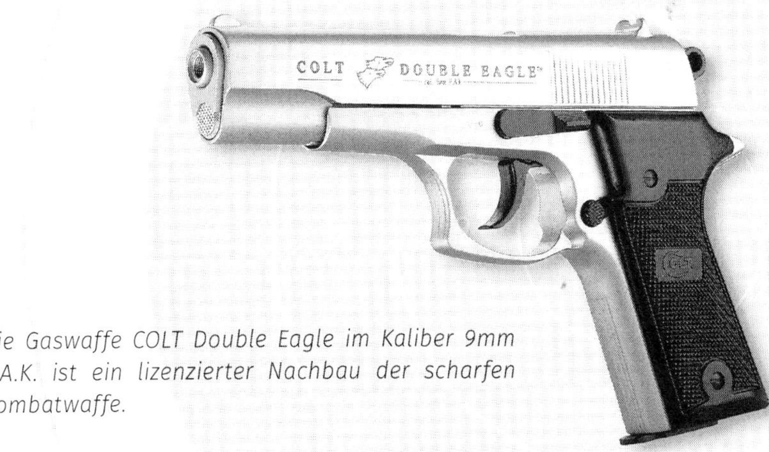

Die Gaswaffe COLT Double Eagle im Kaliber 9mm P.A.K. ist ein lizenzierter Nachbau der scharfen Combatwaffe.

Auch das scharfen Vorbild der RÖHM-Waffe RG 96 - die Heckler&Koch USP – hat ein Kunststoffgriffstück und ist dadurch relativ leicht.

Die südafrikanischen Vector CP 1 mit dem etwas futuristischen Design besteht zum großen Teil aus Kunststoff. Sie ist dadurch relativ leicht. Der Nachbau von RÖHM entspricht weitgehend dem Original.

Die WALTHER P 88 im lizenzierten Nachbau von UMAREX gibt es als Gasversion im Kaliber 9mm P.A.K.

Eine moderne deutsche Polizeipistole der Firma WALTHER, die P 99, ist auch als Gasversion von UMAREX durch den hohen Kunststoffanteil relativ leicht und verfügt über eine hohe Feuerkraft von 16 Schuss 9mm P.A.K. Erhältlich sind auch die kleineren und noch leichteren „Schwestern“, die P22 und P380, sowie die neue PPQ, ebenfalls im Kaliber 9mm P.A.K.

Ebenfalls aus dem türkischen Hause ATAK Arms: die ZORAKI 917, ein Design mit Anlehnungen an die österreichische GLOCK 17, aber deutlich schwerer als diese. 17 Schuss im Kaliber 9mm P.A.K. Ein geladenes und entspanntes Führen ist nur mit einem Trick möglich, die Holster für die Glock 20/21 sollten passen.

Alle Pistolen haben den Nachteil, dass es zu Zuführ- und Auswurfstörungen kommen kann. Die Kartusche wird nicht ordentlich ins Patronenlager eingeführt, oder die Hülse wird nicht sauber ausgeworfen. Die meisten Störungen lassen sich schnell beheben und können durch die Wahl der richtigen Waffen-Munitions-Kombination weitgehend vermieden werden. Auch aufgesetzte Schüsse führen oft zu eine Störung oder es kann erst gar kein Schuss ausgelöst werden, wenn der Schlitten durch das Aufsetzen zurück gedrückt wird. Fatal! Es muss jeder Anwender für sich entscheiden, ob diese Nachteile die Vorteile wie eine flachere Bauweise oder eine größere Schusskapazität gegenüber einem Revolver aufwiegen.

Double-Action-Revolver

Den klassischen Single-Action-Revolver kennen wir aus vielen Cowboyfilmen. Vor jedem Schuss ist der Hahn zu spannen. Als recht große Westernwaffe ist er für unsere ständige Selbstverteidigung eher uninteressant. Kleine Modelle wie Derringer werden wegen der geringen Kapazität (2 Schuss) nur selten geführt.

Moderne Double-Action-Revolver sind sehr handhabungssicher und funktionieren problemlos, wenn nicht die Trommel blockiert oder die Hahnfeder gebrochen ist. Sie sind weder vom Gasdruck der Patronen noch von Magazinfedern oder Sicherungen abhängig. Es werden keine Hülsen ausgeworfen, solange nicht nachzuladen ist. Insofern eine ideale Verteidigungswaffe.

Allerdings hat ein Revolver auch Nachteile. Durch die Trommel kann er nicht so flach wie eine Pistole konstruiert werden. Er hat eine geringe Schusskapazität von 5 oder 6 Schuss, und das Nachladen ist zeitaufwendiger als bei einer Pistole. Wenn es doch zum Klemmen der Trommel kommt, ist es meistens nicht möglich, diese Störung in kurzer Zeit und ohne Werkzeug zu beheben, die Waffe ist erst einmal nutzlos. Eine solche Störung kann durch Verschmutzung, aber auch durch nicht auf die Waffe abgestimmte Munition passieren. So sind besonders durch WADIE-Munition hervorgerufene Störungen bekannt, die bei einigen bestimmten Revolvermodellen zu Trommelklemmern geführt haben. Hier bliesen die Zündhütchen der Kartuschen zum Teil nach hinten aus und blockierten durch ihre Verformung die Trommel komplett. Mir selbst ist eine Kartusche dieser Art im HW37 aufgerissen und hat die Blockierung der Trommel beim ersten Schuss ausgelöst! Die oft beschworene absolute Zuverlässigkeit von Revolvern ist daher mit Vorsicht zu betrachten.

Die aufgerissene Hülse unten hat den Revolver HW37 nach dem ersten Schuss komplett blockiert. In einer Selbstverteidigungssituation fatal.

Das größte Handicap des Revolvers als Gaswaffe ist jedoch der Spalt, der konstruktionsbedingt zwischen Trommelkammer und Lauf vorhanden ist. Beim Schuss entweichen hier je nach Spaltmaß beträchtliche Mengen der Gaswolke und umwabern die Hand des Schützen, was unangenehm und gefährlich werden kann.

Deshalb sollte vor dem Kauf der Revolver von der Seite auf das Spaltmaß überprüft werden. Ein Wert von 0,5 mm ist noch als annehmbar zu bezeichnen, teurere Waffen erreichen bis zu 0,2 mm. Es sind jedoch auch Modelle auf dem Markt, die Spaltmaße von einem Millimeter oder mehr aufweisen. Hier ist vom Einsatz als Gaswaffe abzuraten, da die Gefahr zu groß ist, selbst beim Schuss von der Gaswolke betroffen zu werden.

Eine Besonderheit stellt der Double-Action-Only-Revolver dar, bei dem der Hahn komplett verdeckt konstruiert wurde. Es kann nur im DA-Modus geschossen werden.

Der Vorteil der scharfen Waffe, dass hiermit aus der Tasche heraus geschossen werden kann, ist für uns Gaswaffenschützen nur nebenbei interessant, da wir unser Gas nicht aus der Tasche heraus verschießen können. Wichtiger ist, dass der Hahn beim Ziehen nicht in der Kleidung hängenbleiben kann. Dies können wir vermeiden, wenn wir uns angewöhnen, beim Ziehen den Daumen auf den Hahn zu legen.

Es gibt auch Griffschalen, die den Hahn verdecken, jedoch meist nur für scharfe Modelle. Manch einer sägt am Hahn einfach ein Stück ab. Hier sollte man prüfen, was vielleicht passt.

Einer der wenigen Double-Action-Only-Revolver ist der Special Force von IWG. Es gibt keinen Hahn mehr, der in der Kleidung hängenbleiben könnte. Nur noch aus zweiter Hand erhältlich.

Einer der kleinsten Revolver ist der RG 59 von RÖHM. Die Trommel fasst 5 Schuss im Kaliber 9mm K.. Für diese Waffe ist eine praktische Halterung für das Auto oder den Schrank erhältlich.

Ein weiterer Revolver von RÖHM - der RG 69 - mit einer Kapazität von 6 Schuss 9mm Knall.

Der RÖHM RG 89, fast schon ein Klassiker, fasst 6 Schuss 9mm Knall.

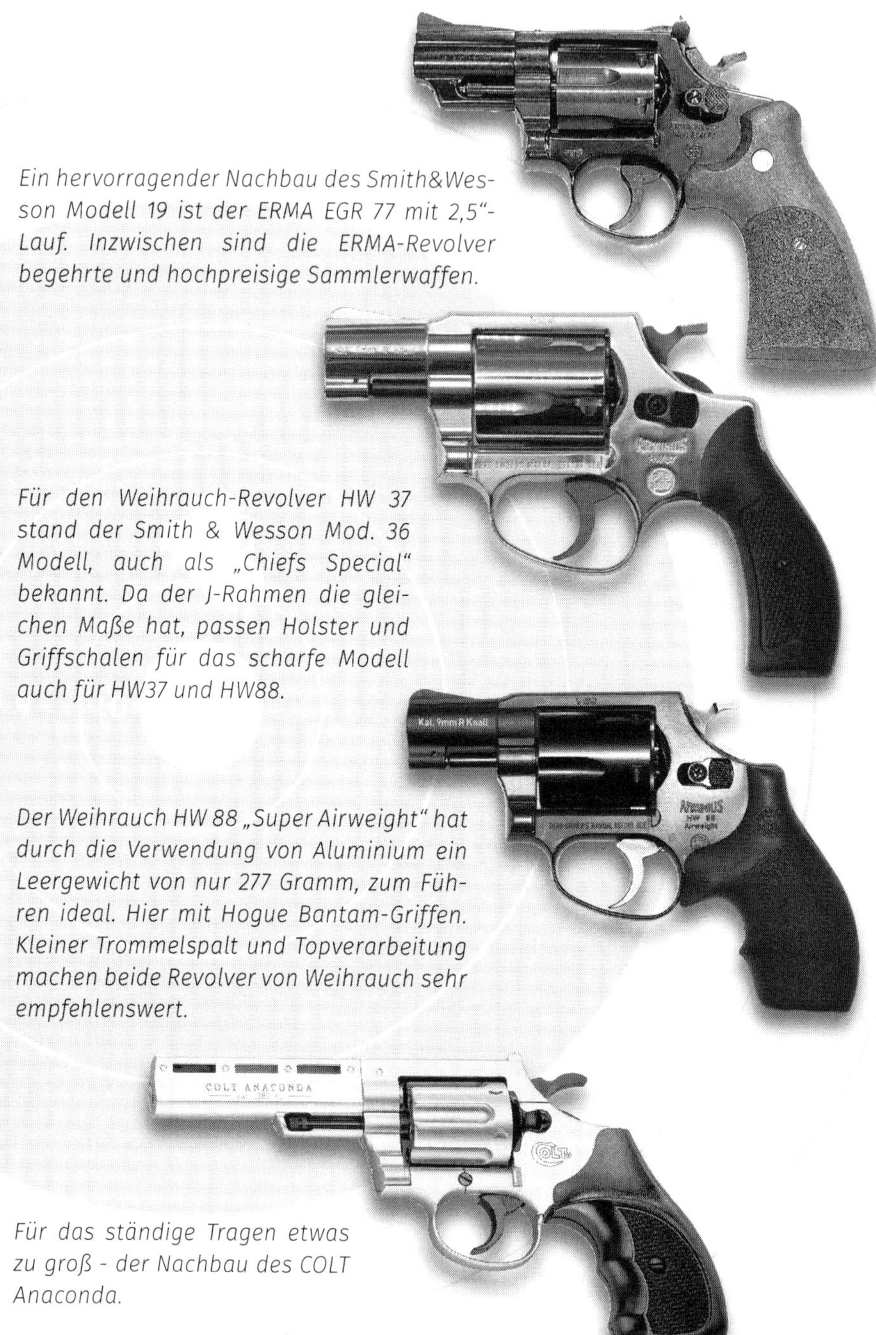

Ein hervorragender Nachbau des Smith&Wesson Modell 19 ist der ERMA EGR 77 mit 2,5"-Lauf. Inzwischen sind die ERMA-Revolver begehrte und hochpreisige Sammlerwaffen.

Für den Weihrauch-Revolver HW 37 stand der Smith & Wesson Mod. 36 Modell, auch als „Chiefs Special" bekannt. Da der J-Rahmen die gleichen Maße hat, passen Holster und Griffschalen für das scharfe Modell auch für HW37 und HW88.

Der Weihrauch HW 88 „Super Airweight" hat durch die Verwendung von Aluminium ein Leergewicht von nur 277 Gramm, zum Führen ideal. Hier mit Hogue Bantam-Griffen. Kleiner Trommelspalt und Topverarbeitung machen beide Revolver von Weihrauch sehr empfehlenswert.

Für das ständige Tragen etwas zu groß - der Nachbau des COLT Anaconda.

3.2 Kaliber

Manche Zeitgenossen meinen, ein großes Kaliber ist gleichbedeutend mit einem großen Effekt. Das ist nicht unbedingt so. Entscheidend für die Kraft einer Patrone ist der maximale Gasdruck, für den sie ausgelegt ist. Der Gesetzgeber hat für Gaswaffen einen maximal zulässigen Druck vorgeschrieben. Dieser beträgt gemäß PTB-Vorschriften für das Kaliber .315 maximal 450 bar, für die Kaliber 9mm P.A.K. und .45 short Knall maximal 400 bar. Die 9mm-Revolverpatrone ist für maximal 250 bar zugelassen. Man kann aber davon ausgehen, dass diese Werte mit der aktuellen Munition nicht mehr erreicht werden, einige Quellen gehen von einem geschätzten Druck irgendwo zwischen 200 und 350 bar je nach Munitionssorte aus. Da zu schwacher Druck auch zu Funktionsstörungen bei Selbstladepistolen führen kann, sollte das Zusammenspiel von Waffe und Munition immer getestet werden.

Die Wirksamkeit der Gaswolke ist außerdem von der Inhaltsmenge an Wirkstoff abhängig, die ebenfalls gesetzlich festgelegt ist.

6MM FLOBERT PLATZ

Das Kaliber 6 mm ist für die Selbstverteidigung ungeeignet. Die Patrone ist einfach zu schwach. Die Gaswolke reicht im Höchstfalle 1,5 Meter weit, öffnet sich extrem und ist fast sofort wieder verschwunden. Auch für die Selbstladetechnik reicht die Kraft der Patrone nicht aus. Es kommen Stangenmagazine zum Einsatz, die durch den Abzug weitergeschoben werden.

Waffen dieses Kalibers sind für das Theater oder Startschüsse brauchbar, vielleicht noch als Notsignal bei Bergwanderungen. Aber nicht für unsere Selbstverteidigung.

8MM KNALL

Dieses Kaliber ist ebenso wie das .22 lang Knall nur noch in Restbeständen erhältlich. Für vorhandene Waffen dürfte die Versorgung mit Munition vorerst noch sichergestellt sein. Die Wirkung dieses Kalibers entspricht in etwa der .315-Patrone.

.315 K. (.315 KNALL)

Die Kaliberbezeichnung .315 K. erfolgt nach amerikanischem Vorbild in Zoll. Umgerechnet ergeben sich etwa 8 mm. Es werden in diesem Kaliber nur Pistolen gebaut. Durch die schlanke Patrone können handliche, kleinformatige und leichte Waffen konstruiert werden, die für das ständige Führen gut geeignet sind. Die Wirkung der .315 K. ist nur geringfügig schlechter als die der 9mm, die Gaswolke wird ca. 2 Meter weit geschleudert. Die Patrone hat auch genug Kraft, um den Schlitten zu bewegen und die Selbstladeautomatik funktionieren zu lassen. Somit ist das Kaliber .315 K. ein fast ideales Verteidigungskaliber. Doch Vorsicht, hier wurden einige Waffen konstruiert, die sich als nicht zuverlässig erwiesen haben. Deshalb vor dem Kauf die Testberichte lesen und nicht den Versprechungen des Herstellers oder Händlers vertrauen.

9MM R. KNALL UND 9MM P.A.K. (KNALL)

Die größte Auswahl an Waffen haben wir im Kaliber 9mm P.A. (oder auch P.A.K. für Pistole-Automatik-Knall) bzw. 9mm R.K. (für Revolver Knall). Hier finden wir die meisten Nachbildungen scharfer Waffen, die jedoch relativ groß sind. Die momentan kleinsten Pistolen 9mm P.A. sind die Record Mod. 15-9, die Melcher IWG Amazone und die ZORAKI 906, allerdings alles Single-Action-Waffen. Wir erinnern uns - vor dem ersten Schuss entweder durchladen oder entsichern, da sonst zu gefährlich. Im DA-System finden wir handliche Waffen der Fa. ERMA, die hervorragend verarbeitet, aber nur noch aus zweiter Hand erhältlich und recht teuer sind. Die von Umarex produzierten RÖHM RG88 oder Walther P22 sind klein und leicht, wobei es bei letzterer Meldungen über Unzuverlässigkeiten gab. Etwas größer sind die Walther PP, PK380 oder die Smith & Wesson M&P 9c, alle ebenfalls von Umarex, oder die ZORAKI 914.

Die großformatigen Waffen eignen sich zum ständigen verdeckten Führen weniger, verfügen aber über ein ein gewisses Abschreckungspotential, falls gewünscht.

Die 9mm P.A.-Patrone verschießt die Gaswolke bis zu 2,5 bis 3 Meter weit, die Patrone ist stark genug für die Schlittenbewegung. Sie ist damit das wirkungsvollste Gaswaffenkaliber und sehr empfehlenswert. Allerdings ist immer Vorsicht vor unzuverlässigen Waffen geboten. Lesen Sie unbedingt Testberichte und probieren Sie die von Ihnen gewählte Waffe und Munition aus!

Die Revolver erreichen - bedingt durch den Trommelspalt - lediglich eine Reichweite von etwa 2 – 2,5 Metern mit der 9mm-Patrone. Es sind hier sehr handliche Modelle wie z.B. der RÖHM RG 59 oder die Weihrauch HW 37 und HW 88 erhältlich, die allerdings nur über eine Feuerkraft von 5 Schuss verfügen. Ein Schuss mehr in einer solchen Waffe muss mit einem größeren Trommeldurchmesser erkauft werden.

.45 SHORT KNALL

Das Revolver-“Großkaliber“ .45 short Knall konnte sich nicht durchsetzen, solche Waffen sind daher nur noch selten zu finden.

Auf Grund der geringen Verbreitung ist die Munition auch relativ teuer und nicht mehr überall erhältlich. In der Wirkung erreicht die Patrone wie die 9mm P.A.K. eine Gaswolke von etwa 2,5 Metern Reichweite.

Von links nach rechts: Knallpatronen der Kaliber 6mm, .22lang, 8mm, .315, 9mm R.K., 9mm P.A.K..

3.3 Munition

Korrekt im Sinne des Waffengesetzes müssten wir von Kartuschenmunition sprechen, da Gas- und Knallpatronen keine Geschosse enthalten. Wir wollen aber beim umgangssprachlichen Gebrauch bleiben und im Folgenden die Inhaltsstoffe der Patronen betrachten.

KNALLPATRONEN

Auch „Schreckschusspatronen" genannt. Das in ihnen enthaltene Nitrozellulosepulver erzeugt beim Schuss einen Feuerstoß und einen lauten Knall. Diese Patronen werden auch zum Abfeuern von Signal- und Feuerwerksmunition aus unserer Waffe benötigt, da der Feuerstoß deren Treibladung entzündet.

Von der möglichen Wirkung im Nahbereich durch heißes Mündungsfeuer, Druckwelle und herausgeschleuderten Teilchen der Verschlusskappen abgesehen, wird auf einen Angreifer außer einem Schreck keine weitere Wirkung erzielt; er wird vor allen Dingen nicht außer Gefecht gesetzt. Das reicht für den Ernstfall der Selbstverteidigung aber nicht aus, da wir gerade den Nahbereich des Gegners wegen unserer eigenen Sicherheit immer vermeiden sollten. Ebenso sollten wir diesen Bereich wegen der Schwere der zu erwartenden Verletzungen beim Gegner unbedingt meiden.

Knallpatronen sind für uns hauptsächlich zum Testen der Zuverlässigkeit unserer Waffe interessant. Selbstladepistolen reagieren manchmal empfindlich auf geringe Fertigungstoleranzen der Patronen verschiedener Hersteller, Revolver sind weniger empfindlich, aber auch da sind wie schon besprochen Probleme möglich.

Wenn Sie aus ihrer Pistole anstandslos einige Magazine einer Knallpatronensorte verschießen können, ohne dass es Hülsenklemmer oder Zufuhrstörungen gibt, sollten die Gaspatronen des gleichen Herstellers genauso zuverlässig funktionieren. Diese ebenfalls zu testen ist zwar ratsam, auf Grund der Belastung der Umwelt und des eigenen Geldbeutels jedoch in engen Grenzen zu halten. Sie sollten sich zumindest einmal von der Ausdehnung und Form der Gaswolke überzeugen. Bitte beachten Sie beim Schießen mit Schreckschussmunition auf alle Fälle die später beschriebenen Vorschriften des Waffengesetzes und denken Sie an die Reinigung Ihrer Waffe, da Knall- und Gaspatronen starke Ablagerungen im Inneren der Waffe verursachen.

Es sind auch Schreckschusspatronen mit einem verstärkten Knall- und Blitzeffekt auf dem Markt, die speziell für die Selbstverteidigung entwickelt wurden. Zu nennen wären die Walther „Stop-Blitz" (nur in 9mm P.A.K.) und die WADIE „Flash Defence" (9mm R.K. und 9mm P.A.K.). Allerdings führen diese Patronen in manchen Waffen zu Ladestörungen, daher unbedingt testen. Dabei soll die „Flash Defence" etwas lauter, das Mündungsfeuer der „Stop-Blitz" etwas greller sein. Als empfehlenswert gilt die GECO „Super Flash" (bisher leider nur in 9mm P.A.K.), die ebenfalls ein beeindruckendes Mündungsfeuer produziert. Ebenso ist mit der WADIE „Pepper-Flash" eine Kombination von grellem Mündungsblitz und 30 mg Pfefferwirkstoff erhältlich. In Revolvern können Schwarzpulverpatronen eine Alternative sein, die einen starken dumpfen Knall mit reichlich Mündungsfeuer und Rauch erzeugen. Allerdings verschmutzt die Waffe recht stark.

Schauen Sie sich im Internet Videos von den verschiedenen Sorten an.

Knallpatronen sind an einer grünen Verschlusskappe zu erkennen, „Stop-Blitz" und „Flash Defence" haben goldfarbige Kappen, die GECO „Super Flash" hat weiß-transparente Kappen.

CN-GASPATRONEN

Chloracetophenon ist umgangssprachlich unter Tränengas bekannt. Es wird über die Schleimhäute, die oberen Atemwege und vor allem über die Augen aufgenommen. CN verursacht starkes Brennen in Nase und Kehle sowie extremen Tränenfluss. Bei starken Konzentrationen kann es zu allergischen Hautreaktionen und sogar Lungenödemen kommen. Sehr hohe Konzentrationen können tödlich sein.

In den Patronen unserer Gaswaffe liegt es als feines Pulver vor, das durch die heißen Treibladungsgase verdampft. Der Gesetzgeber hat für CN eine Maximalmenge je Patrone vorgeschrieben, die in allen Kalibern gleich ist. CN geht mit Wasser keine Verbindung ein und ist deshalb nur sehr schwer durch Abwaschen oder Spülen zu beseitigen.

Die Verbreitung von CN bei der Gaswaffenmunition ist stark zurückgegangen und fast nicht mehr zu finden.

CN-Gaspatronen sind durch blaue Verschlusskappen gekennzeichnet.

CS-GASPATRONEN

Das Giftgas Ortho-Chlorbenzylidenmalondinitril, kurz CS genannt, ist eine Weiterentwicklung von CN. Die Wirkung ist sehr ähnlich, zusätzlich verursacht es würgenden Husten, Schwindelanfälle und Brechreiz. Hohe Konzentrationen führen zu Erstickungsanfällen und panischem Angstgefühl, unter Umständen zur Ohnmacht.

Die Gefahr von bleibenden Schäden soll geringer sein als bei CN.

CS reagiert mit Wasser, ist aber dennoch schwer zu neutralisieren.

Die Maximalmenge je Patrone ist gesetzlich auf 80 mg festgelegt. Auch hier liegt das CS in Pulverform vor. Es sind in allen Kalibern CS-Patronen erhältlich. Die Farbe der Verschlusskappen ist gelb.

OC-(PFEFFER)-PATRONEN

Das Extrakt Oleoresin-Capsicum wird aus rotem Cayennepfeffer gewonnen. Es wurde in den USA entwickelt, da CN und CS einen entscheidenden Nachteil haben - angetrunkene oder unter Drogen stehende Angreifer benötigen eine wesentlich höhere Dosis, bevor diese Giftgase Wirkung zeigen. OC wirkt hier schneller und zuverlässiger. Außerdem zeigt es auch gute Wirkung auf Tiere (wie z.B. aggressive Hunde).

Leider tun sich die deutschen Behörden bei der Zulassung von OC für die Selbstverteidigung gegen Angriffe von Menschen schwer. Um für diese Fälle die Unschädlichkeit und maximale Konzentration festlegen zu können, müssten Tierversuche durchgeführt werden. Diese sind für die Erprobung von Waffen jedoch nicht mehr erlaubt. Das ist begrüßenswert, jedoch wurde keine Alternative dazu in der Novellierung des Tierschutzgesetzes vorgesehen. Die Testergebnisse aus den USA werden bei uns nicht anerkannt.

So bleibt OC in Deutschland für den Privatanwender nur zur Abwehr von wilden Tieren zugelassen, obwohl es als Spray in den USA seit 1989 bei Polizei und FBI zur Ausrüstung gehört und die Beamten von der Wirksamkeit überzeugt sind. In Deutschland wurde die Polizei vor einigen Jahren (endlich) auch mit Pfefferspray ausgerüstet. Aber das Waffengesetz gilt ja nicht für die Polizei.

OC-Patronen gibt es für die Kaliber 8mm, .315 K., 9mm R.K. und 9mm P.A.

Die Patronen sind mit 80 mg Wirkstoffgemisch gefüllt. Er lässt sich relativ einfach durch Abwaschen neutralisieren. Die normale Pfefferpatrone hat im Gemisch einen Anteil von 15 % Pfeffer und braune Verschlusskappen.

Die „Supra“- bzw. „Extra stark“-Ausführungen haben einen extra hohen Pfefferanteil von 45 % bzw. 120 mg Wirkstoff und sind mit roten Verschlusskappen gekennzeichnet.

Ein ideales Selbstverteidigungsmittel, wenn die Einschränkung des deutschen Gesetzgebers nicht wäre. Aber wir dürfen OC ja zur Abwehr von Hunden einsetzen. Und davon gibt es eine ganze Menge - vierbeinige und zweibeinige! Nein, im Ernst – wenn Sie OC als Verteidigungsmittel gegen Tiere (z.B. gefährliche Hunde) bei sich haben, dürfen Sie es natürlich im Notfall auch straffrei gegen Menschen einsetzen, wenn Sie keine andere Möglichkeit der Verteidigung haben. Sie müssen also bei einer berechtigten Notwehr nicht auf dieses Verteidigungsmittel verzichten, nur weil Sie es nicht gegen Menschen einsetzen „dürfen".

Noch ein wichtige Hinweis: alle Reizstoffe (CS, CN, OC) wirken etwas zeitverzögert. Rechnen Sie damit, dass die Wirkung erst nach 1-2 Sekunden einsetzt! Schauen Sie sich Videos im Internet an, da erkennen Sie es deutlich. Nutzen Sie bereits die Schrecksekunde durch den Schuss zur Flucht aus und warten Sie nicht auf die Wirkung des Reizstoffes.

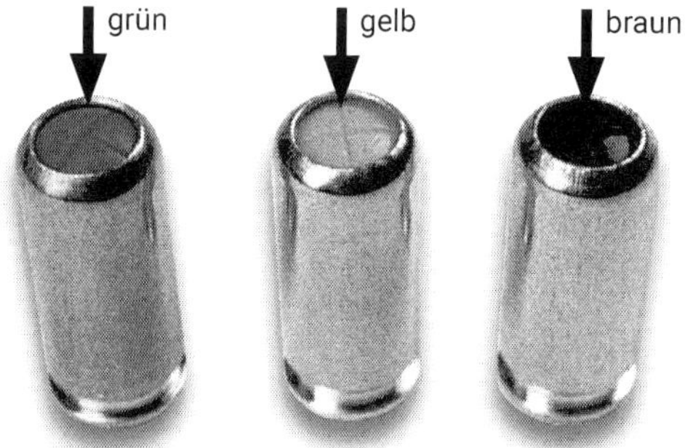

Die Farbe der Verschlusskappen kennzeichnet den Inhalt der Patrone. Von links nach rechts: grün - Knall, gelb - CS, braun - OC (Pfeffer). CN (blaue Kappe) wird nur noch selten verwendet. Weitere Farben im Text genannt.

3.4 Resümee

Kleine, handliche und leichte Waffen eignen sich für die persönliche Verteidigung am besten, da die Reichweite und Wirkung bei gleichem Kaliber dieselbe ist wie bei großen Waffen. Wir können solche Waffen gut ständig bei uns tragen. Sehr zu empfehlen sind Double-Action-Pistolen und -Revolver bei den genannten Vor- und Nachteilen.

Wenn Sie die Waffe für die „Heimverteidigung" benötigen, wählen Sie ruhig eine größere Combatwaffe.

Die Waffe sollte ein genügend starkes Kaliber haben, also .315 Knall, 9mm R.K. bzw. 9mm P.A.K. Magazin oder Trommel sollte mit CS- oder OC-Patronen gefüllt sein, wobei ich zu letzterem - wegen der Hunde – rate.

Es gibt die meisten Waffen in brünierten und vernickelten Ausführungen. Die vernickelte Oberfläche ist leichter zu pflegen und unempfindlicher gegen Kratzer und Abnutzungsspuren. Schon durch den Handschweiß kann die Brünierung angegriffen werden. Eine vernickelte Ausführung ist also pflegeleichter, eine schwarze Waffe sieht dagegen meist etwas „echter" aus. Inzwischen sind auch titanfarbene oder sogar bunte Waffen (weiß, rot, grün, camo) erhältlich.

Die Waffe sollte gute, nicht zu kleine Griffschalen haben, damit Sie sie gut umfassen und festhalten können.

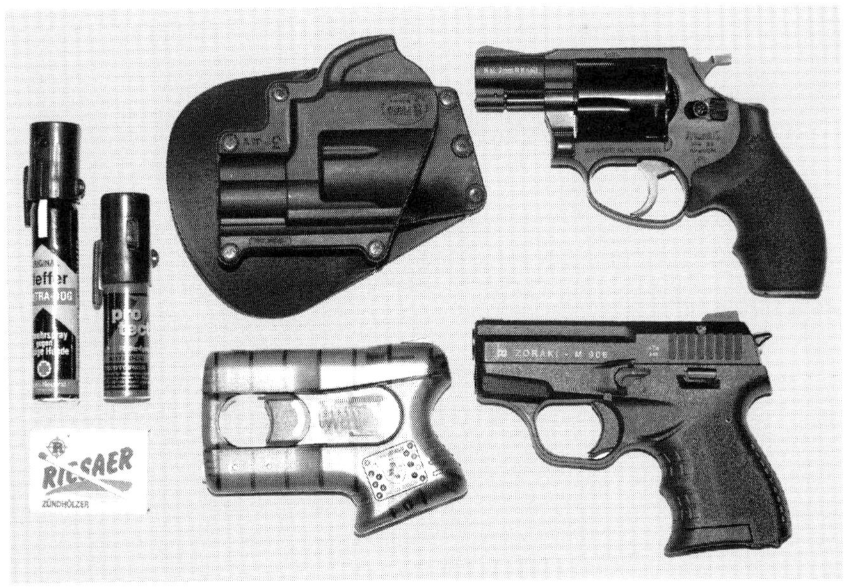

Handliche Begleiter: die Zoraki 906 und ein Weihrauch HW88 Super Airweight mit Fobus-Paddleholster. Daneben „Guardian Angel II" und Pfefferspray.

Es ist erstaunlich, dass bisher kein Hersteller versucht hat, eine „optimale" Gaswaffe zu entwickeln. Es wird versucht, den scharfen Waffen so ähnlich wie möglich zu sein. Aber eine reine Verteidigungswaffe - die eher ein Gaspatronen-Abschussgerät wäre - wird noch nicht am Markt angeboten. Bei einer solchen Waffe müsste der Lauf für optimale Reichweite und Form der Gaswolke konstruiert werden; sie sollte möglichst leicht, handlich sowie sicher und leicht zu bedienen sein. Für die Zusammenfassung dieser Vorteile in einer Waffe könnte man sich ruhig von den scharfen Vorbildern entfernen, um eine maximale Wirksamkeit für die Selbstverteidigung zu erreichen. Die Zoraki 906 kommt dem Ideal recht nahe, ist allerdings leider eine SA-Waffe, also nur für Geübte zu empfehlen. Diese Pistole zuverlässig in DA, vielleicht sogar ohne Sicherung, noch etwas leichter und eine Patrone mehr im Magazin – das wäre so ein Wunschkandidat. Andere Ansätze dazu wurden mit dem „Guardian Angel" oder dem Jet-Protector JPX gemacht. Näheres dazu in Kapitel 9.

Noch einige Hinweise zum Laden des Magazins oder der Trommel. Ein oft gehörter Ratschlag lautet, nach der Gaspatrone sofort eine Knallpatrone abzufeuern, um die Wolke „weiter nach vorn zu schieben". Das ist falsch, denn die Wolke wird nur stärker verwirbelt und zudem in der Konzentration geringer, also wirkungsärmer.

Wer meint, einen eventuellen Gegner mit einem Warnschuss abschrecken zu können, kann vor den Gaspatronen eine Schreckschusspatrone, eventuell eine verstärkte „Stop-Blitz", „Flash-Defence" oder „Super Flash" laden. Die Waffe kann dann allerdings nicht sofort reizstoff-wirksam eingesetzt werden, aber sie erzeugen vielleicht beim Gegner die Schrecksekunden, die Sie zum Fliehen oder zum Einnehmen einer besseren Schießposition brauchen.

Einige Anwender laden abwechselnd CS- und OC-Patronen, da kaum jemand gegen beide Wirkstoffe gleichzeitig unempfindlich reagiert. Das ist allerdings keine Kombination zur reinen Tierabwehr.

Wenn die Verteidigung in Räumen, Kfz u.ä. gedacht ist, wären vielleicht nur Knallpatronen denkbar, gern mit verstärktem Mündungsblitz, da die Räume so nicht kontaminiert werden. Es bleibt allerdings das Problem des drohenden Knalltraumas.

Man kann ein Reservemagazin mit einer zweiten Munitionssorte bei sich führen. Ob die Zeit im Ernstfall reicht, das Magazin zu wechseln?

So muss jeder eine Lösung für seine persönliche Situation finden.

Selbstladepistolen können mit einem Schuss mehr, als das Magazin fasst, geladen werden. Dazu wird nach dem Durchladen, Entspannen und Sichern der Waffe - und damit der Einführung der ersten Patrone in die Kammer - das Magazin nochmals entnommen und die Patrone ergänzt. Danach die Waffe wieder entsichern.

Allerdings werden für die Magazine bei Schreckschusswaffen nicht immer die besten Federn verwendet, so dass es zu erlahmenden Federn kommen kann, die

die Funktionssicherheit herabsetzen. Wenn Ihre Waffe also über ein genügend großes Magazin verfügt, laden Sie lieber eine Patrone weniger.

Wie bereits erwähnt, sollten Sie die von Ihnen gewählte Kombination von Waffe und Munition unbedingt auf Zuverlässigkeit testen. Nehmen Sie die Führmunition möglichst aus derselben Packung wie die Testmunition. Wenn Sie ganz sicher gehen wollen, sollten Sie ihre Führmunition noch optisch genau prüfen (Verformungen der Hülse, Zündhütchen, Deckel), vermessen und wiegen. Nun sollte nichts mehr schiefgehen, aber Garantien gibt es keine.

4. Waffenführung: Holster und Trageweisen

Zu jeder Waffe, die Sie führen möchten, gehört grundsätzlich ein Holster. Planen Sie diese Ausgabe beim Waffenkauf gleich mit ein. Das Holster schützt ihre Waffe vor dem Herunterfallen und vor Verschmutzung. Die wichtigste Funktion des Holsters besteht jedoch darin, die Waffe für Sie schnell und sicher griffbereit zu halten. Deshalb sollte das beste Modell gerade gut genug sein. Fragen Sie ruhig nach Holstern für eine größenmäßig entsprechende scharfe Waffe; oft werden Ihnen für Gaswaffen nur minderwertige Qualitäten angeboten. Allerdings passen die Holster für das scharfe Modell nicht immer auch für die Gaswaffe, oft gibt es Maßabweichungen.

Ob Leder- oder Nylonholster ist eine Frage des persönlichen Geschmacks. Beide Materialien erfüllen ihren Zweck gleich gut. Leder könnte bei mangelnder Pflege zum Knarren neigen, Nylon ist bei geringerem Gewicht etwas schonender zur brünierten oder vernickelten Oberfläche. Brünierte Waffen sollten nicht ständig in einem Lederholster aufbewahrt werden, da Ausdünstungen des chemisch bearbeiteten Leders auf Dauer die Brünierung angreifen könnten.

Achten Sie bei Leder darauf, dass es besonders am Verschluss stark genug dimensioniert ist, damit es bei längerem Gebrauch nicht ausleiert.

Holster aus dem Material Kydex (eine Art Plastikwerkstoff) sind ebenfalls sehr empfehlenswert, wobei diese manchmal etwas stärker auftragen als Leder- oder Nylonholster. Es gibt aber auch sehr unauffällige Holster aus diesem Material. Die steife Bauform erleichtert das Zurückstecken der Waffe erheblich. Wenn die Waffe im Holster zu schwergängig ist, reicht etwas Silikonspray zur Abhilfe.

Wichtig ist ein leicht mit dem Daumen der Schusshand zu öffnender Verschluss. Dieser sollte eine Stahlverstärkung haben, damit er zuverlässig funktioniert.

Das Griffstück der Waffe sollte sofort ganz zu umgreifen sein, dabei aber der Abzugsbereich noch abgedeckt bleiben.

Holster mit zusätzlichen Sicherungen (Level II u.ä.) sind bei unserer verdeckten Trageweise meiner Ansicht nach nicht notwendig.

Ich persönlich halte nichts von Holstern, deren Sicherungen mit dem Zeigefinger bedient werden müssen. Ich halte die Gefahr zu groß, nach der Bedienung der Sicherung mit dem Finger zu schnell in den Abzugsbügel zu rutschen und so vielleicht einen unbeabsichtigten, unkontrollierten Schuss abzugeben.

Gut sind geschlossene Holster, die die Mündung und das Korn bedecken. Die Waffe kann beim Ziehen nicht am Korn hängen bleiben, und Sie sind etwas geschützt, falls sich bei einer fehlerhaften Waffe ein Schuss im Holster löst oder Ihr Zeigefinger zu früh am Abzug war. Das Ziehen mit gestrecktem Zeigefinger ist ein wichtiger Sicherheitsaspekt, um Unfälle zu vermeiden.

Für das verdeckte Tragen eignen sich auch Holster, die ohne einen zusätzlichen Verschluss auskommen, aber durch die Konstruktion einen erhöhten Ziehwiderstand aufweisen, damit die Waffe nicht herausfallen kann. Oftmals kann dieser Ziehwiderstand auch durch Schrauben individuell angepasst werden.

Das Holster sollte die Waffe eng umschließen, damit sie nahe am Körper gehalten wird und sich nicht unter der Kleidung markiert. Dafür ist ein starker Clip oder eine passende Gürtelschlaufe wichtig. Die meisten Gürtelschlaufen sind für bis zu 6 cm breite Gürtel vorgesehen. Die Waffe kann sich bei schmaleren Gürteln durch das Gewicht des Griffstückes nach vorn oder hinten neigen. Hier sollten Sie die Schlaufe mit zwei Nieten oder starkem Garn der von Ihnen verwendeten Gürtelbreite anpassen.

Sie werden selten ein optimales Holster finden, das ohne Nacharbeit alle Anforderungen erfüllt; am wenigsten tun dies die speziell für Gaswaffen angebotenen, billigen Holster. Im Geschäft glauben Sie noch, endlich das schon lange gesuchte optimale Holster gefunden zu haben, aber nach kurzer Zeit des Gebrauchs greifen Sie doch zu Nadel und Garn.

Die Art und Trageweise des Holsters entscheidet über die Zeit, die Sie zum Ziehen der Waffe benötigen. Sie sollten daher auch diesen Aspekt beim Kauf berücksichtigen und hier nicht an der falschen Stelle sparen.

4.1 Gürtelholster

Gürtelholster gibt es für alle Waffen in den verschiedensten Formen, Materialien und Größen. Es gibt Ausführungen mit Clip oder Schlaufe.

Daneben sind auch Holster im Angebot, bei denen der Gürtel durch Schlitze im Leder gezogen werden muss. Diese sind etwas für Leute, die ihre Waffe ständig tragen. Allerdings wird das Griffstück der Waffe sehr eng zum Körper gezogen und fällt unter Jacken oder Jacketts kaum auf. Die Versionen mit 3 Schlitzen eignen sich übrigens nur selten optimal zur versprochenen Cross-Draw-Trageweise.

Wenn Sie die Waffe dagegen nur gelegentlich kurzzeitig tragen oder oft aus einer Schublade oder dem Schrank nehmen und dann mitführen wollen, empfiehlt sich ein Modell mit einem starken Clip.

Die Waffe hängt meist sicherer, wenn Sie den Clip nicht nur über den Gürtel, sondern auch über den Hosenbund stecken.

Sehr empfehlenswert sind Paddle-Holster, die ich hier einfach zu den Gürtelholstern zählen möchte. Das Holster wird mit dem „Paddle" einfach über Gürtel und Hosenbund gesteckt und sitzt durch die Klemmung fest. Waffe und Holster können sehr schnell und komfortabel an- und abgelegt werden. Manche Paddle-Holster sind verstellbar, so dass Sie den Ziehwinkel anpassen können. Es gibt auch Magazinhalterungen mit Paddle.

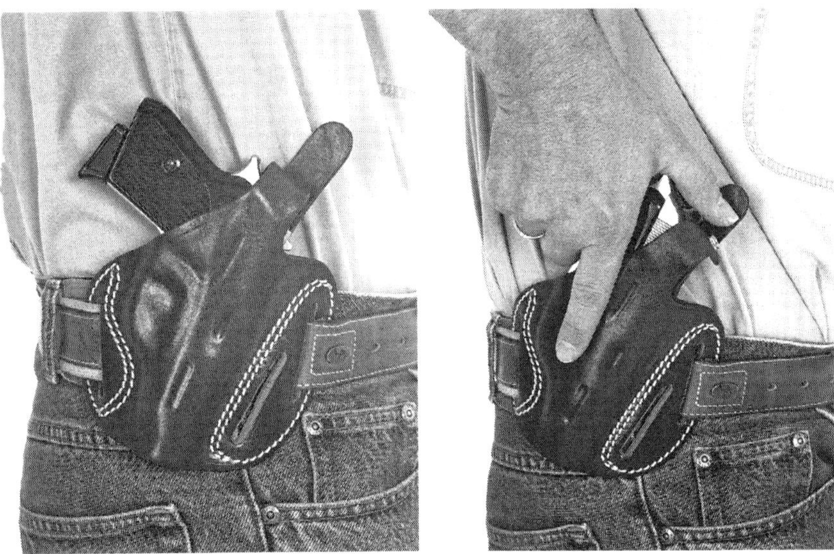

Links: *Aus dem Holster rechts können Rechtshänder am schnellsten ziehen, besonders wenn das Holster stark vorgeneigt ist.*
Rechts: *Die Hand muss beim Ziehen relativ stark abgewinkelt werden.*

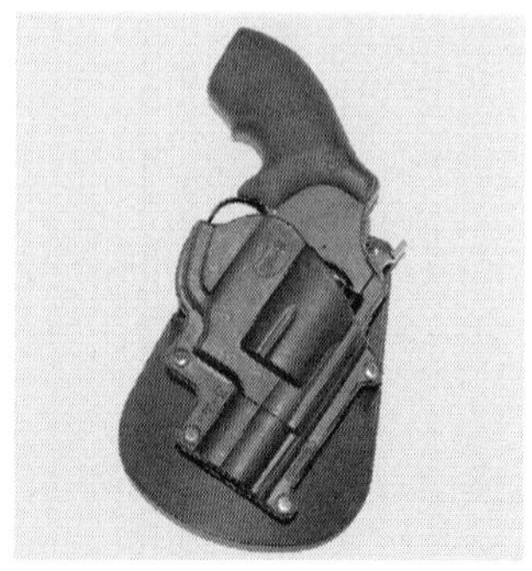

Ein HW88 in einem FOBUS-Paddleholster. Alles zusammen nur 380 g leicht.

Gürtelholster werden je nach persönlicher Vorliebe links oder rechts getragen. Die Trageweise links bei Rechtshändern wird „Cross-Draw“ genannt. Falls Sie Ihre Waffe so führen wollen, achten Sie beim Kauf darauf, dass Schlaufe oder Clip nicht zu stark vorgeneigt sind, damit das Holster auch für diese Trageweise geeignet ist. Bei den sogenannten Schnellziehholstern ist eine sehr starke Neigung der Waffe vorgegeben. Diese lassen sich dann nur an einer Seite verwenden.

Am schnellsten kann man aus einem Holster ziehen, das vorgeneigt bei Rechtshändern rechts am Gürtel sitzt. Bei gutem Training kann der Schuss schon nach ca. 1 Sekunde brechen, auch wenn ein Jackett das Holster verdeckt. Ein sehr empfehlenswertes Modell, das wegen des hohen Ziehwiderstandes ohne zusätzliche Sicherung auskommt und die Waffe sehr dicht an den Körper zieht, ist das „Sickinger FBI lightning“ aus Leder.

Gürtelholster können beim Sitzen und Autofahren recht schnell unbequem werden und drücken. Die Cross-Draw-Trageweise ist dabei bequemer. Sie können so auch besser im Sitzen ziehen. Allerdings wird diese Trageweise oft als unsicher empfunden.

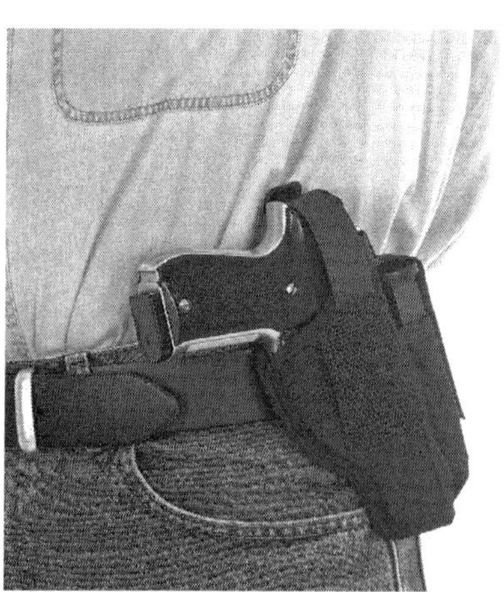

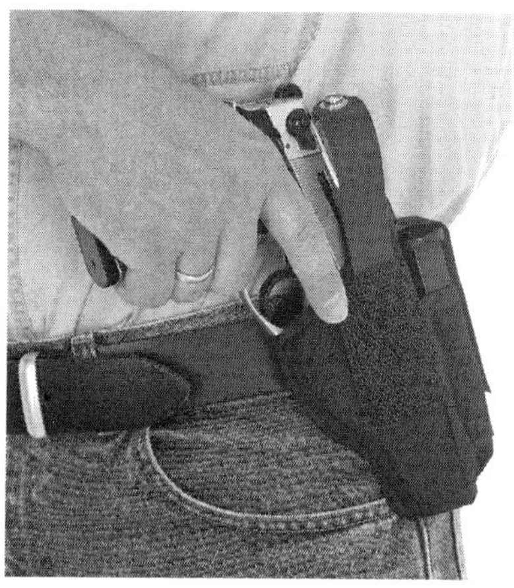

Links: *Die Cross-Draw-Trageweise ist besonders beim Sitzen bequemer. Hier ein Modell mit eingearbeitetem Ersatzmagazin, das an dieser Stelle aber schwer zu erreichen ist.*

Rechts: *Der Ziehvorgang aus dem Cross-Draw-Holster wird von vielen Schützen als natürlicher empfunden, da die Hand nicht so stark abgewinkelt werden muss wie bei der Trageweise rechts.*

Der Vollständigkeit halber sei noch die sogenannte „amerikanische“ Trageweise genannt, bei der ein spezielles Gürtelholster die Waffe fast waagerecht im Rücken des Trägers bereithält. Dies ist aber gerade beim Sitzen im Auto sehr unbequem.

Eine weitere interessante Trageweise, die immer öfter empfohlen wird, ist das „Centerline“- oder „Belly“-Carry. Dabei wird die Waffe beim Rechtshänder rechts vor dem Bauch geführt. Für diese Trageweise sind besonders IWB-Holster geeignet (IWB=inside the waistband, im Hosenbund). Im Sitzen kann zwar gut gezogen werden, es kann aber unbequem sein. Das Ziehen gelingt mit etwas Übung sehr schnell. Interessant macht diese Trageweise das gut verdeckte Führen bei leichter Bekleidung, z.B. unter einem Pullover. Mehr dazu auch im Abschnitt 4.3.

Hier ein Sickinger Inside professional mit einer Zoraki 917 im Belly Carry.

Eine weitere Besonderheit sind Bauch- oder Gürteltaschen, in denen ein Holster die Waffe verdeckt, aber mit Schnellöffnungssystemen sofort zugriffsbereit hält. Diese Taschen sind besonders gut für Jogger oder Spaziergänger geeignet, da sie sich von den „zivilen“ Versionen nicht unterscheiden. Auch im Sommer, wenn keine Jacke getragen werden kann, sind solche Bauchtaschen zu empfehlen. Manche nehmen sogar große Waffen sehr unauffällig auf.

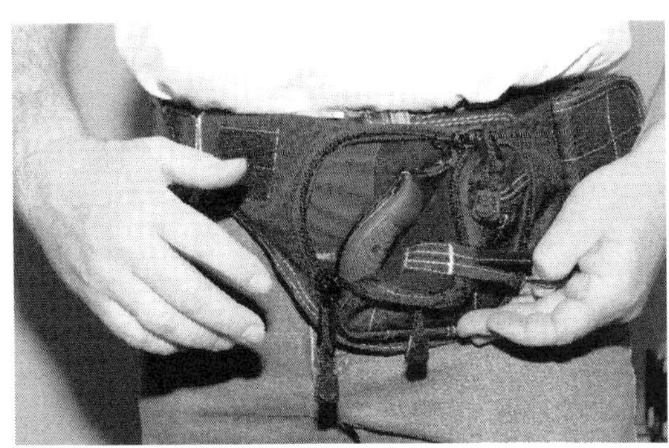

Eine Bauchtasche mit eingearbeitetem Holster und Schnellöffnungslasche. Dieses Modell von COP nimmt auch eine Glock 19 ohne Probleme auf

4.2 Schulterholster

Bequemer sind Schulterholster, die immer Cross-Draw getragen werden. Sie sind besonders für größere Waffen geeignet. Allerdings kann aus ihnen nicht so schnell gezogen werden. Bei verdecktem Holster kann es ca. 2 Sekunden bis zum Schuss dauern.

Manche Experten lehnen Schulterholster grundsätzlich ab – zu langsam, durch das Cross-Draw zu gefährlich. Aber sie haben für spezielle Anwendungen einige Vorteile, besonders beim Sitzen in Fahrzeugen.

Es gibt Schulterholster für die horizontale oder vertikale Halterung der Waffe. Besonders bei langen Waffen kann nur noch eine vertikale Ausführung verwendet werden. Diese ist auch meist für normal lange Waffen unauffälliger, z.B. unter dem Jackett. Bei vertikaler Halterung ist es auch möglich, durch den halboffenen Mantel oder die halboffene Jacke zu ziehen (ein wichtiger Aspekt im kalten Winter!).

Dies ist bei horizontaler Waffenlage oft nicht möglich. Hier dürften also Mantel oder Jackett nicht geschlossen werden, wenn ein schneller Zugriff auf die Waffe möglich sein soll. Allerdings kann horizontal etwa eine halbe Sekunde schneller gezogen werden.

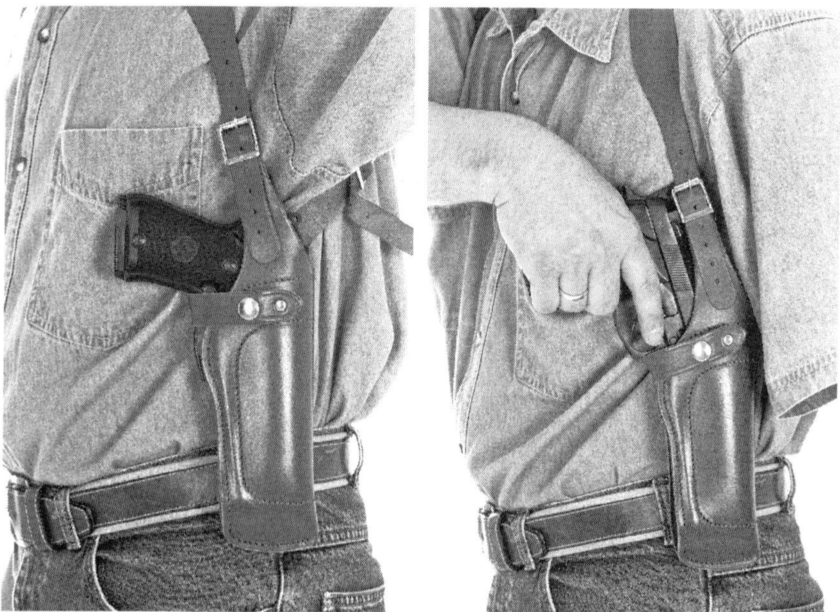

Links: *Die vertikale Halterung erlaubt das verdeckte Tragen von langen Waffen.*
Rechts: *Der Ziehvorgang ist bei vertikaler Halterung auch durch den nur halboffenen Mantel möglich.*

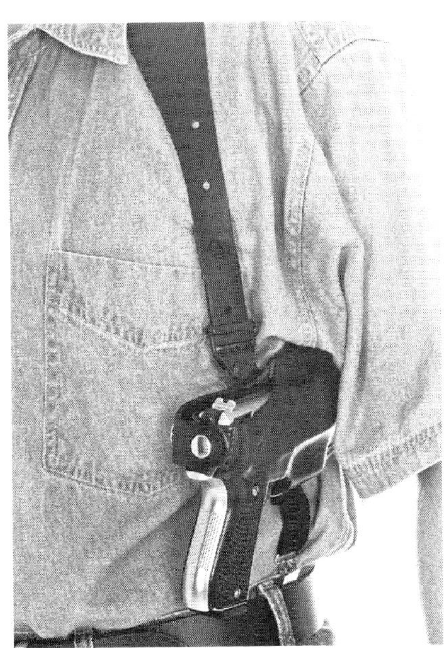

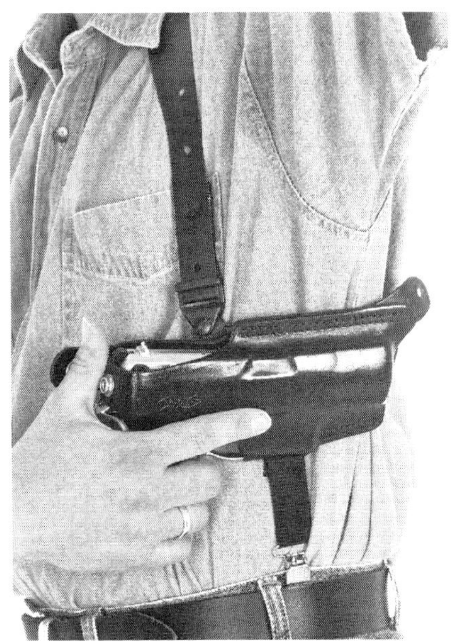

Oben links: *Die horizontale Trageweise ist etwas „schneller" als die vertikale. Zeigt der Lauf dabei stark nach oben und die Waffe wird schräg nach unten aus dem Holster gezogen, wird die Trageweise „Upside-Down" genannt.*

Oben rechts: *Deutlich sind hier das Öffnen des Holsters mit dem Daumen und der gestreckte Zeigefinger erkennbar.*

Links: *Hier wird erkennbar, dass Mantel oder Jackett nicht geschlossen sein dürfen, wenn schnell gezogen werden muss. Allerdings ist der Zeigefinger hier zu früh am Abzug – es besteht hohe Unfallgefahr!*

Es gibt gute Schulterholstersysteme, die man mit Taschen für Reservemagazine und andere Ausrüstung (Handschellen, Funkgerät) kombinieren und damit das Waffengewicht ausgleichen kann.

Am bequemsten sind Schulterholster zu tragen, die links und rechts vom Körper zusätzlich am Gürtel befestigt werden. Das Gewicht der Waffe wird gut verteilt und sie wird immer dicht am Körper gehalten. Besonders im Auto sind Schulterholster sehr bequem, und die Waffe ist auch im Sitzen gut erreichbar. Für Anzugträger ist ein Schulterholster oft am unauffälligsten.

Eine Kaufempfehlung für bestimmte Schulterholster kann ich nicht aussprechen. Es gibt gute Systeme und weniger gute, hier muss jeder selbst gründlich ausprobieren. Mein persönliches Schulterholster besteht nach einigen Jahren aus Komponenten von vier unterschiedlichen Herstellern, die nach langem Probieren und etwas Handarbeit nun für mich die optimale Lösung darstellen.

4.3 Inside-Belt- und IWB-Holster

Über die IWB-Holster habe ich oben schon kurz bei der Belly-Trageposition berichtet. Sehr vielseitig einzusetzen sind Inside-Belt-Holster mit umsteckbarem Clip. Sie werden ja normalerweise im Hosenbund getragen, also nicht außen wie die Gürtelholster. Dadurch sind sie gut für kleine Waffen geeignet, die so sehr unauffällig geführt werden können. Allerdings sind sie in dieser Trageweise manchmal unbequem und drücken, besonders bei engem Hosenbund (Jeans). Achten Sie auf einen starken Clip, damit Sie beim Ziehen nicht plötzlich Waffe samt Holster in der Hand haben!

Der umsteckbare Clip erlaubt das Tragen sowohl links als auch rechts, im Hosenbund oder außen. Auch das Einstecken in Stiefelschäfte oder Innentaschen ist gut möglich, denn diese Holster tragen nur wenig auf. Meine Empfehlung, die Waffe (oder das Gasspray) möglichst in der Nähe der Brieftasche aufzubewahren, lässt sich mit einem solchen Holster und einer kleinen Waffe in einer Innentasche von Jackett, Mantel oder Jacke gut realisieren.

Allerdings sind viele Inside-Belt-Holster offen, d.h. die Waffe wird nicht durch einen Riemen vor dem Herausfallen geschützt. Hier kann es sinnvoll sein, einen Riemen nachzurüsten. Mit Klettband ist das kein Problem. Allerdings sollte besonders darauf geachtet werden, dass sich der Riemen problemlos mit dem Daumen der Schusshand öffnen lässt. (Eventuell die Teile einem anderen Holster entnehmen.) Auch ein einfacher Gummi, der beim Ziehen zerrissen wird, kann die Waffe vor dem Herausfallen schützen.

Die Ziehgeschwindigkeit ist wieder von der Trageweise abhängig. Am schnellsten gelingt es beim Tragen am Gürtel rechts (bei Rechtshändern), nach einiger Übung aus der Belly-Position.

Auch größere Waffen (Combatwaffen) lassen sich in Inside-Holstern unauffällig führen. Insbesondere, wenn im Sommer nur eine leichte Jacke oder ein Hemd über dem Gürtel getragen werden kann, ist so ein fast unsichtbares Führen möglich. Empfehlenswert ist als Holster hier das Sickinger „Inside professional", auch für Ersatzmagazine gibt es entsprechende Inside-Holster.

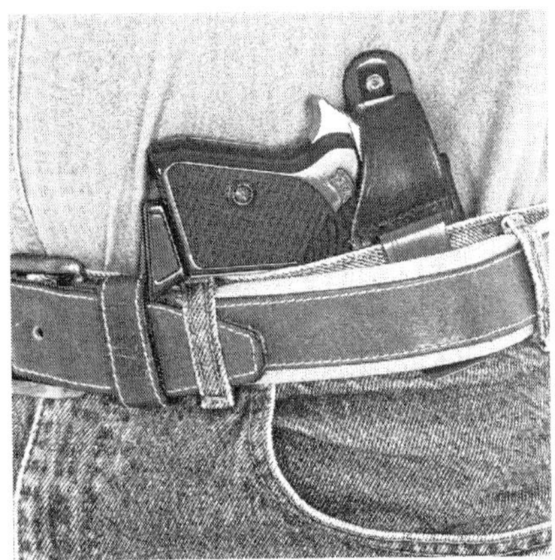

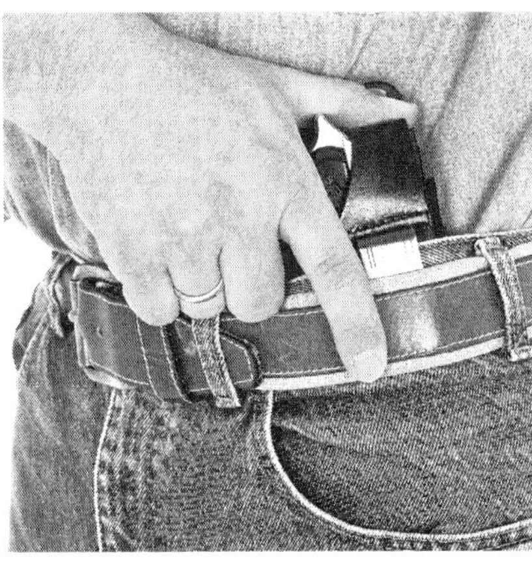

Links: *Insideholster im Hosenbund Cross-Draw. Diese Trageweise ist unbequem und gewöhnungsbedürftig und kann beim Sitzen drücken.*
Rechts: *Der Zugriff auf die Waffe im Insideholster wird durch Kleidung, Gürtel usw. erschwert und ist deshalb nicht schnell.*

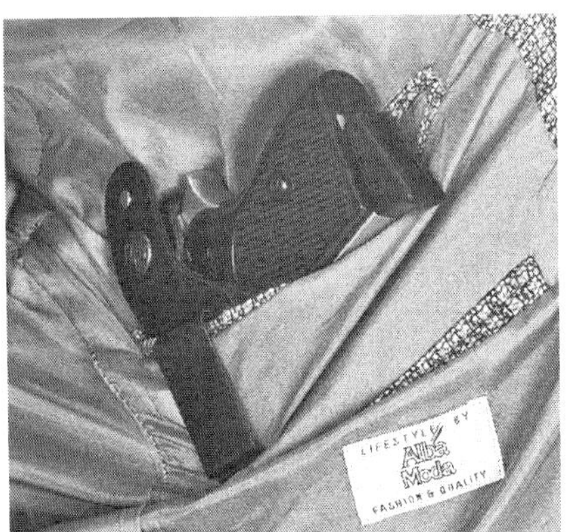

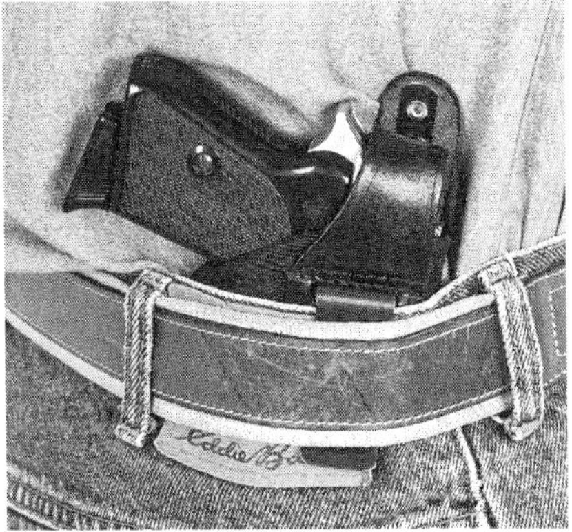

Links: *Insideholster lassen sich gut in Innentaschen von Jacken oder Mänteln unterbringen. Beachten müssen Sie das Gewicht der Waffe.*
Rechts: *Das Insideholster im Hosenbund hinten verbirgt die Waffe fast vollständig bei kurzen Jacken. Bei aller Unbequemlichkeit - es ist wesentlich sicherer, ein Insideholster zu benutzen, als die Waffe allein in den Hosenbund zu stecken.*

Hier noch einmal das Inside-Holster von Sickinger mit einer Zoraki 914, diesmal auf der „4-Uhr-Position" hinter der Hüfte getragen.

Egal, für welches Holster Sie sich entscheiden. Beachten Sie die Größe der Waffe und den vorgesehenen Einsatzzweck. Probieren Sie das Holster unbedingt vor dem Kauf aus, und nehmen Sie nicht das erste beste. Eine solide Verarbeitung mit doppelten Nähten, rostfreien Nieten und einem kräftigen Verschluss zahlt sich durch einen langen Gebrauch aus. Nutzen Sie Erfahrungsberichte im Internet.

Das Holster stellt Ihnen Ihre Waffe mehr oder weniger schnell, mehr oder weniger gut erreichbar im Ernstfall zur Verfügung. Es ist damit fast ebenso wichtig wie die Waffe selbst.

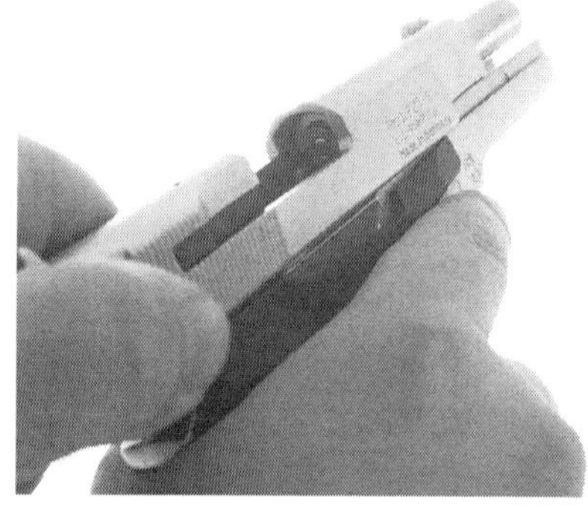

Die Kontrolle des leeren Patronenlagers bei Pistolen ist besonders sorgfältig durchzuführen. Viele Unfälle sind auf Nachlässigkeit bei dieser Kontrolle zurückzuführen. Hier hat sich eine Patrone im Lager verklemmt, es besteht große Unfallgefahr!

5. Waffenhandhabung: Umgang und Pflege

Ich habe bereits mehrfach betont, dass eine Gas- und Schreckschusswaffe ein gefährliches Gerät ist, das schwere Verletzungen hervorrufen, im Extremfall auch tödlich wirken kann. Verharmlosen Sie diese Gefahr nicht, da Sie ja „nur“ Knall- oder Gaspatronen verschießen wollen.

Sie sollten Ihre Gaswaffe mit dem gleichen Respekt behandeln, den Sie einer scharfen Waffe entgegenbringen. Deshalb gelten für den Umgang die gleichen Regeln wie für scharfe Waffen. Sie bewahren damit sich und ihre Mitmenschen vor schwerem Schaden.

5.1 Regeln für den sicheren Umgang mit Waffen

Beachten Sie diese Regeln eisern bei jedem Umgang mit einer Waffe. Sie verhindern so Unfälle und Verletzungen bei sich und anderen. Verstöße dagegen können bei einem Unfall strafrechtliche Konsequenzen haben! Achten Sie streng darauf, dass auch andere Anwesende diese Grundsätze einhalten, Sie ersparen sich vielleicht selbst böse Verletzungen.

1. Behandeln Sie jede Waffe immer wie eine scharfe Waffe, die geladen ist und tödlich wirkt!
2. Richten Sie Ihre Waffe nur auf Menschen oder Tiere, wenn Sie gezwungen sind auf sie zu schießen - sonst niemals!
3. Der Zeigefinger darf erst an den Abzug, wenn die Waffe auf das Ziel gerichtet ist!
4. Alle Handlungen an der Waffe dürfen nur vorgenommen werden, wenn die Mündung in eine ungefährliche Richtung zeigt!
5. Legen Sie niemals eine geladene Waffe aus der Hand, geben Sie niemals eine geladene Waffe weiter!
6. Bei Weitergabe der Waffe müssen Übergeber und Übernehmer kontrollieren, dass die Waffe nicht geladen ist! Der Übernehmer muss das 18. Lebensjahr vollendet haben und mit der Bedienung der Waffe vertraut sein!
7. Waffen und Munition sollten stets getrennt und so aufbewahrt werden, dass Unbefugte, insbesondere Kinder, keinen Zugriff darauf haben!
8. Eiserne Regeln für die Leerkontrolle:
   Revolver: Trommel ausklappen, alle Hülsen bzw. Patronen auswerfen, sich von den leeren Patronenkammern in der Trommel überzeugen.
   Pistole: Pistole sichern, Magazin herausnehmen, Patrone durch Zurückziehen des Schlittens aus dem Patronenlager auswerfen, Schlitten nochmals

zur Kontrolle des leeren Patronenlagers zurückziehen und in die leere Kammer schauen, Hahn entspannen, falls gewünscht Patronen aus dem Magazin nehmen.
Üben Sie diese Abläufe solange, bis Sie Ihnen in Fleisch und Blut übergegangen sind! Führen Sie die Leerkontrolle JEDES MAL durch, wenn Sie eine Waffe in die Hand nehmen oder weglegen!

9. Lassen Sie die Finger von der Waffe, wenn Sie Alkohol getrunken oder die Reaktion beeinflussende Medikamente eingenommen haben!
10. Führen Sie keine Veränderungen oder Reparaturen an der Waffe durch, dies ist Aufgabe des ausgebildeten Büchsenmachers!

5.2 Demontage und Reinigen von Waffen

Wie jedes Gerät, das eine langjährige und zuverlässige Funktion erfüllen soll, muss auch eine Waffe regelmäßig gepflegt werden. Dies erhält neben der Funktion eine gute Optik und übt den sicheren Umgang mit Ihrer Waffe.
Die Reinigung Ihrer Waffe ist nicht schwierig und dauert nicht lange, falls nicht sehr starke Verschmutzungen zu beseitigen sind.

Spezielle Hinweise zur Demontage und zur Reinigung Ihrer Waffe finden Sie in der mitgelieferten Gebrauchsanleitung, die Sie unbedingt beachten sollten. Einige allgemeine Hinweise scheinen mir an dieser Stelle jedoch durchaus angebracht.
Das Schießen mit Knall- oder Gaspatronen verschmutzt das Innere der Waffe sehr stark. Es bilden sich Pulverablagerungen, die die Funktionstüchtigkeit der Waffe beeinträchtigen können. Deshalb sollte zumindest nach jedem Schießen die Waffe gereinigt werden. Manche Hersteller fordern in der Gebrauchsanleitung sogar das Reinigen nach jedem verschossenen Magazin, was ich etwas übertrieben finde. Aber spätestens nach etwa 20 Schuss sollte schon etwas getan werden, denn eine verschmutzte Waffe kann gefährlich für Sie werden. Die Ablagerungen können bei Pistolen den Schlitten blockieren und dadurch Ladehemmungen oder Auswurfstörungen verursachen. Ein zugesetzter Lauf kann dazu führen, dass der Schuss im wahrsten Sinne des Wortes nach hinten losgeht und Ihnen die Waffe um die Ohren fliegt!

Sehr wichtig: vor dem Reinigen muss die Waffe wie im vorigen Kapitel beschrieben entladen und gesichert werden!

Die kleinen Walther-Pistolen lassen sich schnell und leicht demontieren. Im ersten Schritt wird der Abzugsbügel nach unten gedrückt und der Schlitten nach hinten abgehoben.

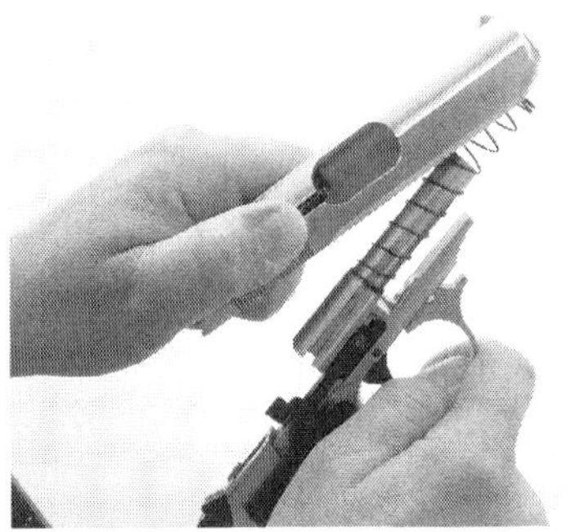

Anschließend wird der Schlitten nach vorn abgenommen.

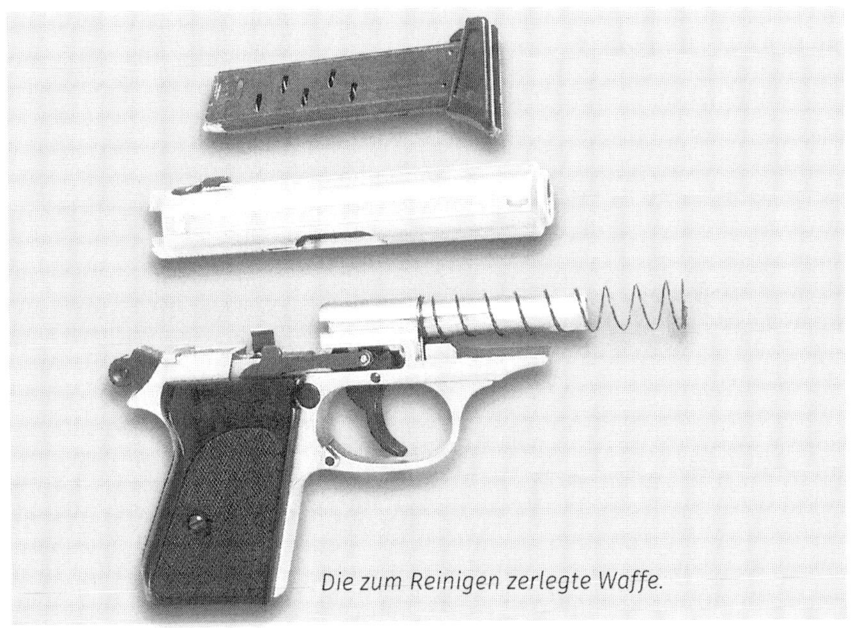

Die zum Reinigen zerlegte Waffe.

Revolver werden meist nicht demontiert. Die Trommel wird ausgeschwenkt und die Kammern mit einer ölbenetzten Bürste ausgewischt. Eventuelle Ablagerungen an der Trommel können mit einer Spezialflüssigkeit (im Waffengeschäft erhältlich) beseitigt werden. Gute Dienste leistet hierbei eine alte Zahnbürste, auch an anderen schwer zugänglichen Stellen. Eine passende Reinigungsbürste wird zu den meisten Waffen üblicherweise mitgeliefert.

Pistolen müssen vor dem Reinigen zerlegt werden. Einfach geht es bei Waffen nach Walther-Art. Der Abzugsbügel wird vorn heruntergezogen, dann kann der Schlitten nach hinten oben abgezogen und schließlich nach vorn entfernt werden. Bei anderen Modellen wird über einen Montagehebel zerlegt. Es gibt auch kompliziertere Systeme, die Sie sich im Geschäft demonstrieren lassen sollten. Die Gebrauchsanleitung gibt hierüber selbstverständlich Auskunft.

Anschließend werden die Teile gereinigt und leicht eingeölt. Die Schlitteninnenseite lässt sich wieder gut mit der Zahnbürste reinigen, zum Ölen eignen sich Wattestäbchen oder ein kleiner Pinsel. Mit diesem können Sie auch gut etwas Öl ins Innere des Waffenschlosses bringen.

Alle Waffen erfordern besondere Aufmerksamkeit beim Reinigen des Laufes. Die vorgeschriebenen Sperren im Laufinneren verhindern den Einsatz einer Bürste. Für diese Arbeit sind Pfeifenreiniger gut geeignet, die mit den eingeflochtenen Plastikborsten sind am besten. Zum Lösen von starken Ablagerungen kann der Lauf in heißem Wasser geschwenkt werden. Auch hier das Ölen anschließend nicht vergessen.

Wenn die Waffe wieder zusammengebaut ist, wird das Äußere mit einem Lappen leicht eingeölt und abgewischt.

Denken Sie trotz aller Pflegebemühungen an den alten Armeespruch: „Eine Waffe ist keine Ölsardine!“ Ihre Kleidung wird es Ihnen danken.

Sie sollten immer ein spezielles Waffenöl verwenden, das nicht verharzt und Ihre Waffe optimal pflegt. Es ist auch sehr geeignet zum Schmieren quietschender Scharniere oder der ewig klemmenden Autoantenne. Der Klassiker „Ballistol Klever“ eignet sich angeblich sogar zur Haut-, Tier- und Lederpflege. Ich arbeite am liebsten mit flüssigem Öl aus der Flasche sowie Tropfflasche und Pinsel, beim Spray geht doch öfter etwas daneben. Vorsicht, einige Brünierungen sollen mit Verfärbungen auf „Ballistol“ reagieren. Informieren Sie sich im Internet, es gibt genügend Alternativen.

Wer ganz professionell sein will, kann in das Waffenschloss etwas Teflonspray einsprühen. Es wird dadurch leichtgängiger. Empfehlenswert für die Gleitflächen ist auch Teflonfett.

Kleine Abnutzungen der Brünierung an Hahn oder Abzug, aber auch an den Schrauben der Griffschalen können Sie selbst ausbessern. Dazu muss die betreffende Stelle mit Kaltentfetter gereinigt werden. Anschließend wird eine Brünierpaste nach Gebrauchsanweisung mit einem Wattebausch aufgetragen. Meist muss diese nach einer Einwirkzeit wieder abgewischt werden, die Prozedur ist bis zum Erreichen der gewünschten Schwärze mehrfach zu wiederholen. Anschließend wird poliert und die Waffe einen Tag nicht benutzt. Auch unerwünschte helle Beschriftungen auf der Waffe können auf diese Weise oft nachgedunkelt werden.

Mit etwas Übung benötigen Sie nur einige Minuten für diese Arbeiten. Ihre Waffe wird es Ihnen mit zuverlässiger Funktion und einem makellosen Aussehen danken.

Verschiedene Reinigungs- und Pflegemittel für eine lange, zuverlässige Funktion Ihrer Waffe.

6. Waffeneinsatz und Verhaltensweisen

Wohl die wenigsten von uns wollen und müssen ständig bewaffnet durch den Alltag gehen. Aber in vielen Situationen würde uns so ein kleiner „Argumentenverstärker“ doch mehr Sicherheit vermitteln. Sei es, dass wir mit viel Bargeld unterwegs sind oder der Heimweg einfach zu dunkel ist - eine Gaswaffe kann hier zumindest moralischen Beistand leisten, den man uns auch ansieht.

Das Problem liegt darin, dass die außergewöhnlichen Situationen, für die wir uns die Waffe angeschafft haben, meist plötzlich und unerwartet eintreten. Wohl dem, der seine Waffe dann dabei hat. Und wohl dem, der genügend trainiert hat, um seine Waffe dann auch wohlüberlegt, aber blitzschnell wirksam einsetzen zu können.

Sie ahnen nichts Böses, wenn Sie am Sonntagnachmittag mit Ihrer Familie eine Fahrradtour durch die Wiesen und Wälder Ihres Heimatortes unternehmen. Die Sonne scheint, der Himmel ist blau, und Sie radeln friedlich dahin. Plötzlich schnellt aus dem Dickicht ein großer Hund, von seinem Besitzer zum Auslauf von der Leine gelassen, und versucht den Junior auf seinem Fahrrad anzuspringen. Ein unwahrscheinliches Horrorszenario, meinen Sie? Sagen Sie das nicht, es ist bereits mehrfach passiert. Gut, wenn für solche Fälle wenigstens eine Dose Pfefferspray griffbereit dabei ist. Dann haben Sie zumindest eine kleine Chance, sich zu wehren und Ihre Familie zu verteidigen.

Absolute Sicherheit können Sie sich mit keiner Waffe, egal welcher Art, erkaufen. Vermeiden Sie, wenn nur irgendwie möglich, gefährliche Situationen und Konfrontationen. Laufen Sie lieber weg, wenn Sie es können, statt einen Kampf mit ungewissem Ausgang einzugehen.

6.1 Das Gesetz: Führen von Waffen und Schießen

Das deutsche Waffengesetz wurde durch eine Neufassung vom 11.Oktober 2002, mit Inkrafttreten zum 01.April 2003, geändert. Es erfolgte eine Straffung des alten Gesetzes und einige Verschärfungen der Vorschriften. Die entscheidende Änderung für Gaswaffenbesitzer war hierbei die Einführung des „Kleinen Waffenscheins", der nun zum Führen einer Gaswaffe in der Öffentlichkeit notwendig wird.

Eine weitere Verschärfung erfolgte zum 01.04.2008. Für uns hauptsächlich interessant ist dabei die Einführung des Begriffes „Anscheinswaffen", d.h. Nachbildungen von scharfen Waffen, für die nun ein Verbot des Führens in der Öffentlichkeit besteht. Ein Transportieren von Anscheinswaffen darf nur in einem verschlossenen Behältnis erfolgen. Es wurden außerdem ein Führverbot für bestimmte Messer verfügt sowie die sogenannten „Taser" (Distanz-Elektroimpulsgeräte) komplett verboten. Softairwaffen fallen erst ab einer Energie von über 0,5 Joule wieder unter das Waffengesetz (können aber trotzdem Anscheinswaffen sein!).

Eine erneute Verschärfung erfolgte zum 25.07.2009 unter dem Eindruck des Amoklaufs eines Schülers in Winnenden im März des gleichen Jahres. Die Änderungen betrafen insbesondere die verschärfte Prüfung des Bedürfnisses, die sichere Aufbewahrung und die Kontrolle derselben (Stichwort „verdachtsunabhängige Kontrolle") und die Einführung des Nationalen Waffenregisters.

Die letzte uns als Besitzer freier Waffen betreffende Verschärfung erfolgte 2017 bezüglich der Aufbewahrung (siehe dort).

Wie bereits vorn erwähnt, ist auf EU-Ebene ein Bestreben zu verzeichnen, weitere Verschärfungen vorzunehmen, die insbesondere auch Gas- und Schreckschusswaffen betreffen sollen. Bisher konnten sich diese Vorschläge nicht durchsetzen. Ich hoffe, dass dies weiter so bleibt, ansonsten würde ein weiteres bürokratisches Monster erschaffen...

Schreckschuss-, Reizstoff- und Signalwaffen sind weiterhin keine Schusswaffen in der Definition des Waffengesetzes, da keine Geschosse durch einen Lauf getrieben werden.

Auf Grund ihrer Gefährlichkeit gelten sie jedoch als „den Schusswaffen gleichgestellte Gegenstände", auf die das Waffengesetz in wesentlichen Teilen anzuwenden ist. Für uns als Gaswaffenbesitzer sind insbesondere § 10 (Erteilung von Erlaubnissen zum Erwerb, Besitz, Führen und Schießen), § 12 (Ausnahmen von den Erlaubnispflichten) und § 42 (Verbot des Führens von Waffen bei öffentlichen Veranstaltungen) interessant, außerdem die Anlage 2.

Hier zunächst einmal die Definition der Waffeneigenschaft:

Gegenstand und Zweck des Gesetzes, Begriffsbestimmungen
§ 1 Waffengesetz (Auszug)

...

(2) Waffen sind

1. Schusswaffen oder ihnen gleichgestellte Gegenstände
2. tragbare Gegenstände,
   a) die ihrem Wesen nach dazu bestimmt sind, die Angriffs- oder Abwehrfähigkeit von Menschen zu beseitigen oder herabzusetzen, insbesondere Hieb- und Stoßwaffen;
   b) die, ohne dazu bestimmt zu sein, insbesondere wegen ihrer Beschaffenheit, Handhabung oder Wirkungsweise geeignet sind, die Angriffs- oder Abwehrfähigkeit von Menschen zu beseitigen oder herabzusetzen, und die in diesem Gesetz genannt sind.

...

Grundsätzlich ist das Führen von Schusswaffen in der Öffentlichkeit erlaubnispflichtig. Diese Erlaubnis wird nur durch den Waffenschein erteilt. (Zur Unterscheidung: die Waffenbesitzkarte WBK erlaubt lediglich den Erwerb, den Besitz und das Verbringen einer Waffe, z.B. für Sportschützen, nicht jedoch das Führen in der Öffentlichkeit!).

Unter Führen einer Waffe wird die Ausübung der tatsächlichen Gewalt über sie außerhalb der eigenen Wohnung, Geschäftsräume oder des eigenen befriedeten Besitztums verstanden. In diese Erlaubnispflicht zum Führen wurden mit der Neufassung des Waffengesetzes 2002/2003 nun Schreckschuss-, Reizstoff- und Signalwaffen eingeschlossen, zu deren Führen nun der „Kleine Waffenschein" notwendig ist.

Erteilung von Erlaubnissen zum Erwerb, Besitz, Führen und Schießen
§ 10 Waffengesetz (Auszug)

...

(4) Die Erlaubnis zum Führen einer Waffe wird durch einen Waffenschein erteilt. ... Die Voraussetzungen für die Erteilung einer Erlaubnis zum Führen von Schreckschuss-, Reizstoff- und Signalwaffen sind in der Anlage 2 Abschnitt 2 Unterabschnitt 3 Nr. 2 und 2.1 genannt (Kleiner Waffenschein).

...

In der Anlage 2 wird verdeutlicht, dass für die Erteilung des Kleinen Waffenscheins kein Sachkunde-, Bedürfnis- und Haftpflichtversicherungsnachweis erforderlich ist. Es erfolgt aber die Prüfung der sogenannten „Zuverlässigkeit", d.h. des Führungszeugnisses.

Erteilung von Erlaubnissen zum Erwerb, Besitz, Führen und Schießen ...§ 10 Waffengesetz (Auszug)

...

Entbehrlichkeit einzelner Erlaubnisvoraussetzungen

Anlage 2, Abschnitt 2, Unterabschnitt 3 zum Waffengesetz (Auszug)

Entbehrlichkeit einzelner Erlaubnisvoraussetzungen

1. Erwerb und Besitz ohne Bedürfnisnachweis (§4 Abs. 1 Nr. 4)

1.1 Feuerwaffen, deren Geschossen eine Bewegungsenergie von nicht mehr als 7,5 Joule erteilt wird und die das Kennzeichen nach Anlage 1 Abbildung .... tragen

1.2 für Waffen nach Nummer 1.1. bestimmte Munition

2. Führen ohne Sachkunde-, Bedürfnis- und Haftpflicht-versicherungsnachweis (§4 Abs. 1 Nr. 3 bis 5) – Kleiner Waffenschein

2.1 Schreckschuss-, Reizstoff- und Signalwaffen nach Unterabschnitt 2 Nr. 1.3

...

Für den Erwerb und Besitz solcher Waffen hat sich nichts geändert, es ist nach wie vor lediglich ein Mindestalter von 18 Jahren vorgeschrieben. Das bedeutet, Sie dürfen ab diesem Alter eine Gas- oder Schreckschusswaffe erwerben, vom Geschäft nach Hause transportieren, dort den Vorschriften gemäß aufbewahren oder damit üben, auch ohne einen Kleinen Waffenschein zu besitzen. Sie benötigen diesen nur dann, wenn Sie Ihre Waffe auch in der Öffentlichkeit griff- und schussbereit mit sich führen möchten (dazu zählt jedoch auch, wenn Sie diese Waffe im Auto dabei haben möchten!).

Ausnahmen von den Erlaubnispflichten
§ 12 Waffengesetz (Auszug)

...

(3) Einer Erlaubnis zum Führen von Waffen bedarf nicht, wer

1. diese mit Zustimmung eines anderen in dessen Wohnung, Geschäftsräumen oder befriedetem Besitztum oder dessen Schießstätte zu einem von seinem Bedürfnis umfassten Zweck oder im Zusammenhang damit führt;
2. diese nicht schussbereit und nicht zugriffsbereit von einem Ort zu einem anderen Ort befördert, sofern der Transport der Waffe zu einem von seinem Bedürfnis umfassten Zweck oder im Zusammenhang damit erfolgt;
3. eine Langwaffe nicht schussbereit den Regeln entsprechend als Teilnehmer an genehmigten Sportwettkämpfen auf festgelegten Wegstrecken führt;
4. eine Signalwaffe beim Bergsteigen, als verantwortlicher Führer eines Wasserfahrzeugs auf diesem Fahrzeug oder bei Not- und Rettungsübungen führt;
5. eine Schreckschuss- oder eine Signalwaffe zur Abgabe von Start- oder Beendigungszeichen bei Sportveranstaltungen führt, wenn optische oder akustische Signalgebung erforderlich ist.

...

Achtung, auch für das Führen einer CO2- oder Druckluftwaffe in der Öffentlichkeit wäre theoretisch ein Waffenschein vorgeschrieben! Diesen wird es praktisch jedoch für diese Art Waffen nie geben. Diese Waffen dürfen wir lediglich, wie Gaswaffen ohne Kleinen Waffenschein auch, von einem genehmigungsfreien Ort zu einem anderen „verbringen", zum Beispiel von zu Hause zum Schießstand (oder zum Büchsenmacher, zum Freund, zum eigenen Geschäftslokal). Dies bedeutet nicht schussbereit (nicht geladen) und nicht zugriffsbereit (in einer Aktentasche, einem Futteral, in einem Waffenkoffer) transportieren. Dabei muss die Munition von der Waffe getrennt sein, dazu reicht es, sie z.B. in ein anderes Fach als die Waffe zu legen. Dabei darf die Munition auch schon in einem Magazin sein, solange dieses getrennt von der Waffe transportiert wird. Für den Transport würde also z.B. ein einfacher Rucksack genügen, in ein Fach kommt die entladene Waffe, in ein anderes Fach die Munition, Reißverschluss zu, fertig. Ein Verschließen ist danach nicht zwingend erforderlich, empfiehlt sich aber (z.B. durch ein kleines Vorhängeschloss oder Aktenkoffer mit Zahlenschloss, ein Kabelbinder reicht auch). Wenn wir das Waffengesetz jedoch streng auslegen, sind unsere Gaswaffen jedoch auch Anscheinswaffen und damit in einem verschlossenen Behältnis zu transportieren! Also machen Sie lieber doch ein Schloss dran!

Unter zugriffsbereit versteht man, dass die Waffe mit wenigen Handgriffen schussbereit in den Anschlag gebracht werden kann (dabei sind wenige Handgriffe etwa drei bis vier Handgriffe).

Bitte unterscheiden Sie genau, Sie könnten sich schon bei der nächsten Verkehrskontrolle eine Menge Ärger ersparen: Eine unterladene und gesicherte Waffe gilt schon als schussbereit, und selbst eine ungeladene Waffe in einem Holster oder in einem nicht abgeschlossenen Handschuhfach eines Autos gilt als zugriffsbereit! CO2- und Druckluftwaffen, sowie Gaswaffen ohne Kleinen Waffenschein, dürfen wir lediglich im eigenen befriedeten Besitztum, in dem eines anderen mit dessen Zustimmung oder in Schießstätten geladen und zugriffsbereit führen.

Der Kleine Waffenschein gilt also nur und ausschließlich für das Führen von Schreckschuss-, Reizstoff- und Signalwaffen in der Öffentlichkeit! Für nichts anderes! Er gilt also weder für Co2- oder Druckluft- oder Airsoftwaffen, noch ist er für den Erwerb oder Besitz dieser Art Waffen oder Gaswaffen notwendig; noch benötigt man ihn, wenn die Waffen ausschließlich an genehmigungsfreien Orten geführt und/oder benutzt werden sollen; und man braucht ihn nicht, um wie beschrieben die Waffen nur zu transportieren. Schon gar nicht gilt der Kleine Waffenschein für irgendwelche Teleskopschlagstöcke oder gar Pfefferspray, was man aber leider oft in unqualifizierten Presseberichten liest.

Der Erwerb des Kleinen Waffenscheins ist recht unproblematisch, allerdings im Detail nicht bundesweit einheitlich. Es muss ein Antrag bei der für Ihren Wohnort für das Waffenrecht zuständigen Ordnungsbehörde gestellt werden (das kann z.B. das Ordnungsamt, der Landkreis oder die Polizei sein). Nach einer Überprüfung der Behörde auf Vorstrafen oder andere Versagungsgründe wird der Kleine Waffenschein auf dem Formular des „echten" Waffenscheines ausgestellt, da es bislang noch kein eigenes, einheitliches Formular dafür gibt. Die Kosten betragen derzeit etwa 50,- Euro (auch das kann örtlich variieren!).

Der Kleine Waffenschein wird unbefristet ausgestellt, die Formulierung darin lautet dann in etwa „Dieser Waffenschein gilt nur für Schreckschuss,- Reizstoff- oder Signalwaffen, die der zugelassenen Bauart nach § 8 des Beschussgesetzes entsprechen." Sie können damit also jede Gaswaffe mit PTB-Zulassungszeichen führen, eine Festlegung auf bestimmte Gaswaffen erfolgt also nicht. Je nach ausstellender Behörde sind auch eingetragene Auflagen möglich, z.B. die Waffe nur verdeckt zu führen (dies sollte allerdings sowieso selbstverständlich sein).

In vielen Regionen Deutschlands können Sie entsprechende Antragsformulare bereits online herunterladen und auch den Antrag online stellen. In manchen Regionen muss der Schein dann persönlich abgeholt werden, manchmal wird er mit der Post zugesandt. Achten Sie bei solchen Online-Aktivitäten darauf, auch die für Sie tatsächlich örtlich zuständigen Behörden und Formulare zu verwenden! Auf Grund der Vielzahl der Anträge – wie bereits eingangs erwähnt – ist in letzter Zeit von Wartezeiten von einigen Wochen bis zu einigen Monaten berichtet worden.

Wer eine Gas- und Schreckschusswaffe führt, muss neben dem Kleinen Waffenschein den Personalausweis oder Pass dabei haben und diesen der Polizei oder anderen befugten Personen auf Verlangen aushändigen. Das achtzehnte Lebensjahr ist, wie schon erwähnt, zum Erwerb und zum Führen Voraussetzung.

Ausweispflichten
§ 38 Waffengesetz (Auszug)

...

Wer eine Waffe führt, muss

1. seinen Personalausweis oder Pass und
   a) wenn es einer Erlaubnis zum Erwerb bedarf, die Waffenbesitzkarte oder, wenn es einer Erlaubnis zum Führen bedarf, den Waffenschein,

...

mit sich führen und Polizeibeamten oder sonst zur Personenkontrolle Befugten auf Verlangen zur Prüfung aushändigen.

...

Das Führen von Waffen bei öffentlichen Veranstaltungen ist grundsätzlich verboten. Sogar Inhaber eines Waffenscheines benötigen hierfür eine Ausnahmegenehmigung. Sie dürfen Ihre Gaswaffe also weder auf Volks- oder Straßenfeste, noch ins Theater, auf Messen, Märkte oder ins Stadion mitnehmen. Hier bleibt als erlaubte Alternative wegen der fehlenden Waffeneigenschaft nur noch ein Pfefferspray, das damit für uns als an der Selbstverteidigung Interessierte fast unverzichtbar wird.

„Veranstaltungen i. S. des § 39 I WaffG sind planmäßige, zeitlich eingegrenzte, aus dem Alltag herausgehobene Ereignisse."

(BGH, Beschl, v. 22. 2. 1991 - 1 StR 44/91 - LG Nürnberg-Fürth)

Diese Definition führt immer wieder zu Unklarheiten. Also erkundigen Sie sich vorher genau, bevor Sie ein Ermittlungsverfahren riskieren. Ihre Waffenbehörde gibt gern Auskunft. Sie sollten aber auch daran denken, dass – selbst wenn es keine Veranstaltung im Sinne dieses Gesetzes ist – der Inhaber des Hausrechtes dennoch Waffen und auch Pfeffersprays verbieten kann, wenn er es möchte (und dies z.B. durch seine Security auch durchsetzen lassen). Das Hausrecht kann uns übrigens auch bei einem Transport der Waffe einschränken, und zwar in öffentlichen Verkehrsmitteln. Einige Bahn- und Busunternehmen verbieten nämlich die Mitnahme von Waffen, andere wiederum erlauben es, soweit die legale Berechtigung für den Besitz vorliegt. Also müssen Sie sich auch hier aktuell informieren, um Ärger zu vermeiden.

Verbot des Führens von Waffen bei öffentlichen Veranstaltungen
§ 42 Waffengesetz (Auszug)

(1) Wer an öffentlichen Vergnügungen, Volksfesten, Sportveranstaltungen, Messen, Ausstellungen, Märkten oder ähnlichen öffentlichen Veranstaltungen teilnimmt, darf keine Waffen im Sinne des §1 Abs. 2 führen.

(2) Die zuständige Behörde kann allgemein oder für den Einzelfall eine Ausnahme von Absatz 1 zulassen, wenn

1. der Antragsteller die erforderliche Zuverlässigkeit (§5) und persönliche Eignung (§6) besitzt,
2. der Antragsteller nachgewiesen hat, dass er auf Waffen bei der öffentlichen Veranstaltung nicht verzichten kann, und
3. Gefahren für die öffentliche Sicherheit und Ordnung nicht zu besorgen sind

(3) Unbeschadet des § 38 muss der nach Absatz 2 Berechtigte auch den Ausnahmebescheid mit sich führen und auf Verlangen zur Prüfung aushändigen.

(4) Die Absätze 1 bis 3 sind nicht anzuwenden

1. auf die Mitwirkenden an Theateraufführungen und diesen gleich zu achtenden Vorführungen, wenn zu diesem Zweck ungeladene oder mit Kartuschenmunition geladene Schusswaffen oder Waffen im Sinne des § 1 Abs. 2 Nr. 2 geführt werden,
2. auf das Schießen in Schießstätten (§27),
3. soweit eine Schießerlaubnis nach § 10 Abs. 5 vorliegt,
1. auf das gewerbliche Ausstellen der in Absatz 1 genannten Waffen auf Messen und Ausstellungen.

Der Vollständigkeit halber seien noch Demonstrationen genannt, für die noch wesentlich strengere Vorschriften gelten. Hier dürfen Sie nicht einmal als „Schutzwaffen" geeignete Gegenstände mitführen (Schutzweste, Lederhandschuhe mit Quarzsand- oder Bleistaubfüllung), schon gar nicht Schreckschusswaffen, auch keine Abwehrsprays.

Auch das Schießen außerhalb von Schießstätten muss genehmigt werden. Dabei ist anzumerken, dass Schießstätten im Sinne des Gesetzes für diesen Zweck besonders hergerichtet sein müssen. Für diese gelten bestimmte Vorschriften des Waffengesetzes. Ihr Heimschießstand im Keller zählt nicht dazu, so dass wir diese Vorschriften hier vernachlässigen können.

Als Inhaber des Hausrechts oder mit dessen Genehmigung benötigen Sie im befriedeten Besitztum für das Schießen mit Gas- oder Druckluftwaffen keine Genehmigung, wenn eventuelle Geschosse das Grundstück nicht verlassen können. Jedoch sollten Sie nun nicht einfach auf Ihrem Grundstück drauf losschießen. Einmal wurde der Garten eines Arztes von einem Sondereinsatzkommando der Polizei gestürmt, weil die Nachbarn eine Geiselnahme gemeldet hatten. Der Herr Doktor konnte es jedoch lediglich nicht erwarten, sein neues Jagdgewehr auszuprobieren. Nachbarn verstehen, wenn es um irgendwelche Waffen geht, oft überhaupt keinen Spaß.

Ausnahmen von den Erlaubnispflichten
§ 12 Waffengesetz (Auszug)

...

(4) Einer Erlaubnis zum Schießen mit einer Schusswaffe bedarf nicht, wer auf einer Schießstätte (§27) schießt. Das Schießen außerhalb von Schießstätten ist darüber hinaus ohne Schießerlaubnis nur zulässig

1. durch den Inhaber des Hausrechts oder mit dessen Zustimmung im befriedeten Besitztum
   a) mit Schusswaffen, deren Geschossen eine Bewegungsenergie von nicht mehr als 7,5 Joule (J) erteilt wird oder deren Bauart nach § 7 des Beschussgesetzes zugelassen ist, sofern die Geschosse das Besitztum nicht verlassen können
   b) mit Schusswaffen, aus denen nur Kartuschenmunition verschossen werden kann
2. durch Personen, die den Regeln entsprechend als Teilnehmer an genehmigten Sportwettkämpfen nach Absatz 3 Nr. 3 mit einer Langwaffe an Schießständen schießen;
3. mit Schusswaffen, aus denen nur Kartuschenmunition verschossen werden kann,
   a) durch Mitwirkende an Theateraufführungen und diesen gleich zu achtenden Vorführungen
   b) zum Vertreiben von Vögeln in landwirtschaftlichen Betrieben
4. mit Signalwaffen bei Not- und Rettungsübungen
5. mit Schreckschuss- oder mit Signalwaffen zur Abgabe von Start- oder Beendigungszeichen im Auftrag der Veranstalter bei Sportveranstaltungen, wenn optische oder akustische Signalgebung erforderlich ist.

...

Schon zu Silvester wird es also problematisch, wenn Sie Feuerwerk mit Ihrer Schreckschusswaffe verschießen wollen. Dies wird in einigen Bundesländern als verbotenes Böllern außerhalb von Schießstätten strafrechtlich verfolgt, da die Raketen ja das Grundstück verlassen! Also fragen Sie sicherheitshalber vorher bei der zuständigen Behörde nach, bevor Sie Ihr Feuerwerk bereuen müssen. Beim Abfeuern von Knallmunition zu den zulässigen Zeiten auf dem eigenem Grundstück sollte es nach dem Waffengesetz keine Probleme geben (siehe §12 (4)1b)WaffG), es sei denn Ihr Nachbar betrachtet es als eine unzulässige Lärmbelästigung.

Für den Abschuss von pyrotechnischer Munition benötigen Sie einen für Ihre Waffe zugelassenen Zusatzlauf (meist im Kaliber 15mm), der auf die Mündung geschraubt wird. Meist wird er wie Reinigungsbürste und Gebrauchsanleitung beim Kauf mitgeliefert.

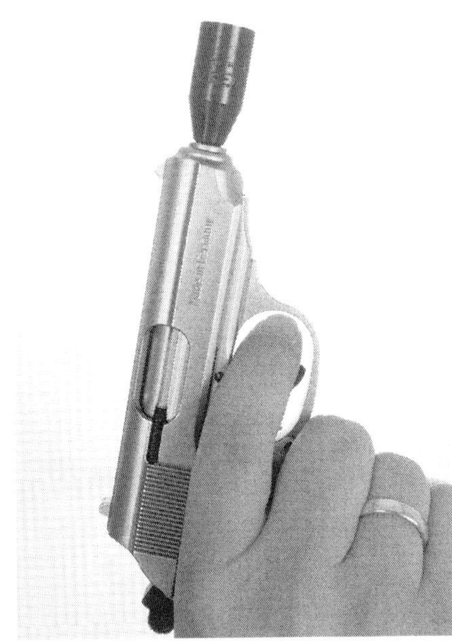

Für den Abschuss pyrotechnischer Munition benötigen Sie einen Zusatzlauf. Lauf und Munition müssen zugelassen sein! Der Abschuss erfolgt grundsätzlich mit ausgestrecktem Arm senkrecht nach oben.

Natürlich wird es so schwierig, seine Gaswaffe wie in diesem Buch beschrieben zu testen oder damit zu trainieren. Nicht jeder verfügt über ein weitläufiges eigenes Gelände oder ist weit genug entfernt vom nächsten Nachbarn.

Lassen Sie sich etwas einfallen. Informieren Sie Ihren Nachbarn, wenn Sie ein gutes Verhältnis zu ihm haben. Vielleicht kennen Sie jemanden, der über entsprechendes Gelände oder Räumlichkeiten verfügt und Ihnen das Schießen gestattet. Vielleicht können Sie auf dem Schießstand des örtlichen Schützenvereins etwas trainieren. Eine kleine Spende für die Vereinskasse tut manchmal Wunder.

Fahren Sie auf keinen Fall einfach in den Wald und schießen dort, Sie würden sich strafbar machen. Und Jäger werden fuchsteufelswild, wenn in ihrem Revier herumgeknallt wird, denken womöglich gar an Wilderei.

Wenn Sie viel Geld für Ihren Test ausgeben wollen, können Sie einen sogenannten Mündungsfeuerdämpfer für bestimmte Gaswaffen bekommen, der Feuerstoß und Knall so weit dämpft, dass Sie in Ihrer Wohnung schießen können. Für das Training ist ein solcher Dämpfer nicht geeignet, da er zu groß und zu schwer ist. Zumindest können Sie das Zusammenspiel von Waffe und Munition testen. Falls Sie öfter mal eine Waffe testen möchten, basteln Sie sich eine schalldämmende „Knallkiste“ (suchen Sie danach im Internet).

Die Aufbewahrung von Gas- und Schreckschusswaffen muss auch den gesetzlichen Bestimmungen entsprechend erfolgen.

§ 36 Waffengesetz (Auszug)

(1) Wer Waffen oder Munition besitzt, hat die erforderlichen Vorkehrungen zu treffen, um zu verhindern, dass diese Gegenstände abhanden kommen oder Dritte sie unbefugt an sich nehmen.

(2) entfallen

(3) Wer erlaubnispflichtige Schusswaffen, Munition oder verbotene Waffen besitzt oder die Erteilung einer Erlaubnis zum Besitz beantragt hat, hat der zuständigen Behörde die zur sicheren Aufbewahrung getroffenen oder vorgesehenen Maßnahmen nachzuweisen. Besitzer von erlaubnispflichtigen Schusswaffen, Munition oder verbotenen Waffen haben außerdem der Behörde zur Überprüfung der Pflichten ... Zutritt zu den Räumen zu gestatten, in denen die Waffen und die Munition aufbewahrt werden. Wohnräume dürfen gegen den Willen des Inhabers nur zur Verhütung dringender Gefahren für die öffentliche Sicherheit betreten werden; das Grundrecht der Unverletzlichkeit der Wohnung (Artikel 13 des Grundgesetzes) wird insoweit eingeschränkt.

...

(5) Das Bundesministerium des Innern wird ermächtigt, nach Anhörung der beteiligten Kreise durch Rechtsverordnung mit Zustimmung des Bundesrates unter Berücksichtigung des Standes der Technik, der Art und Zahl der Waffen, der Munition oder der Örtlichkeit die Anforderungen an die Aufbewahrung oder an die Sicherung der Waffe festzulegen. Dabei können

1. Anforderungen an technische Sicherungssysteme zur Verhinderung einer unberechtigten Wegnahme oder Nutzung von Schusswaffen,
2. die Nachrüstung oder der Austausch vorhandener Sicherungssysteme,
3. die Ausstattung der Schusswaffe mit mechanischen, elektronischen oder biometrischen Sicherungssystemen festgelegt werden.

...

Für uns Gaswaffenbesitzer bedeutet dies nach der letzten Verschärfung 2017, dass wir unsere Gas- und Schreckschusswaffen verschlossen und getrennt von der Munition aufbewahren müssen. „Unbefugte Dritte“ dürfen keinen Zugriff darauf haben, und sie müssen gegen Abhandenkommen geschützt sein. Sind wir allein in unserer Wohnung, darf die Waffe auch geladen auf dem Tisch liegen. Für das Behältnis gibt es im Gegensatz zu den scharfen Waffen keine Vorschriften, ein abschließbarer stabiler Schrank ist also ausreichend, solange Waffe und Munition getrennt sind. Da es aber auch zu Unfällen mit Kindern und Waffen kommen kann, sollten Sie auf eine sichere Aufbewahrung Ihrer Waffen sehr großen Wert legen. Ein kleiner Tresor der alten Stufe B ist im Baumarkt recht preiswert zu bekommen, und dient gleichzeitig noch zur Aufbewahrung des Familienschmucks und wichtiger Unterlagen. Nehmen Sie gleich einen mit elektronischem Zahlenschloss, dann müssen Sie sich über die sichere Aufbewahrung des Schlüssels keine zusätzlichen Gedanken machen. Also eine Anschaffung fürs Leben! Möchten Sie dagegen die Waffe geladen aufbewahren, trifft meiner Ansicht nach wieder das aktuelle Gesetz zu, d.h. Sie müssten einen Tresor Stufe 0 haben! Das deutsche Waffenrecht ist halt kompliziert...

In diesem Kapitel können nicht alle Details des Waffengesetzes angesprochen werden. Bitte informieren Sie sich bei speziellen Fragen genau, am besten direkt bei der zuständigen Behörde für das Waffenrecht oder im Internet (siehe Hinweise am Ende des Buches). Befassen Sie sich ruhig auch mal intensiv mit den Verwaltungsvorschriften zum Waffengesetz, die (un)praktischerweise einige Jahre nach dem Waffengesetz nach langem Hin und Her erlassen wurden.

Es kann ebenfalls vorkommen, dass selbst Polizeibeamte noch nicht immer detailliert im geänderten Waffenrecht Bescheid wissen. So werden immer wieder Situationen berichtet, in denen Waffen in Unkenntnis sichergestellt oder Anzeigen gefertigt werden, obwohl keine Gesetzesverstöße vorliegen. In solchen Fällen ist es dringend zu empfehlen, sofort einen im Waffenrecht erfahrenen Anwalt hinzu zu ziehen, um spätere Nachteile zu verhindern.

Eine strikte Einhaltung der gesetzlichen Bestimmungen sollte für uns legale Waffenbesitzer selbstverständlich sein, da sonst unsere Zuverlässigkeit zum Waffenbesitz in Frage gestellt werden könnte. Ein Gesetzesverstoß, in jugendlichem Übermut begangen, kann auf Jahre hinaus einen privaten Waffenbesitz, z.B. für das Sportschießen, verhindern! Jedoch schützt Unkenntnis nicht vor Strafe, deshalb bleiben Sie in Fragen des Waffenrechtes immer auf dem Laufenden. Werden Sie am besten Mitglied im FWR, dem „Forum Waffenrecht", das sich als Interessenvertretung der legalen Waffenbesitzer in Deutschland etabliert hat.

6.2 Verhalten in beispielhaften Situationen

Wir haben nun erfahren, was wir alles nicht dürfen und sind ziemlich erstaunt, dass unsere Verteidigungs- und Übungsmöglichkeiten so stark eingeschränkt sind. Hatten wir uns doch einen umfassenderen Schutz durch unsere Gaswaffe vorgestellt. Aber diese Einschränkungen dienen zu unserem Schutz und zu dem anderer Menschen, deshalb sollten wir sie akzeptieren und strengstens einhalten.

Dennoch gibt es einige Situationen, in denen uns unsere Waffe gute Dienste leisten kann. Aber ich möchte es nochmals betonen: es sind nur wenige Situationen, in denen Sie eine Gaswaffe zu Ihrer Verteidigung sinnvoll und mit Billigung des Gesetzes einsetzen können.
An dieser Stelle können nur einige konstruierte Beispiele Platz finden, die wirklichen Situationen sind so vielfältig wie das Leben selbst. Aber ich möchte deutlich machen, dass ein Waffeneinsatz sehr sorgfältig bedacht werden muss, obwohl wir blitzschnell darüber entscheiden müssen.
Wir müssen unsere Waffe im Ernstfall jedoch auch sicher beherrschen, damit sie uns nützt, ein Thema, das im nächsten Kapitel behandelt wird.

Themen des Selbstverteidigungskampfes können hier nur gestreift werden, Sie sollten unbedingt einen entsprechenden Kurs besuchen. Einige Abschnitte oder Szenenschilderungen mögen brutal erscheinen, aber es geht womöglich um Ihr Leben - an dieser Stelle ist für Rücksicht gegenüber einem brutalen Angreifer kein Platz mehr.

Führen einer Gaswaffe als persönlichen Schutz bei Überfall
Viele Leser interessieren sich für den Erwerb einer Waffe, weil Sie einen Überfall auf offener Straße befürchten. Dies kommt zwar seltener vor, als man gemeinhin denkt, dennoch gibt es besonders gefährdete Personengruppen.
Für alle gilt: die Waffe sollte trotz guter Wirkung klein und handlich sein und so geführt werden, dass sie sofort eingesetzt werden kann. Das heißt, sie gehört nicht in Aktenkoffer oder Handtasche, sondern in die Jacken- bzw. Manteltasche. Sinnvoll ist auch ein Inside-Belt-Holster, das schnell ohne Öffnen von Knöpfen oder Reißverschluss zu erreichen ist. Wenn Sie sich ständig bedroht fühlen (Zeugen, persönliche Bedrohungen), sollten Sie Ihre Waffe auch ständig zugriffsbereit und schussbereit tragen. Das bedeutet bei einer DA-Pistole durchgeladen, entspannt und entsichert! (In diesem Zustand sollte die Waffe aber wirklich nur in einem Holster geführt werden.)

Angenommen, Sie müssen eine größere Menge Bargeld transportieren, z.B. die Tageseinnahmen Ihres Geschäftes, die Kaufsumme für ein Auto oder Prämiengelder für Ihre Mitarbeiter. dass Sie dies nicht zu festen Zeiten tun, niemandem davon erzählen und möglichst eine zweite Person mitnehmen, sollte selbstverständlich sein. Der Transport durch einen Sicherheitsdienst kommt aus verschiedenen Gründen vielleicht nicht in Frage. Bevor Sie losgehen, müssen Sie beachten, ob das Wetter überhaupt den Einsatz einer Gaswaffe ermöglicht, und nicht Regen oder starker Wind die Wirkung Ihrer Waffe beeinträchtigen würde.

Sie beobachten auf dem Weg aufmerksam, aber unauffällig die Passanten. Folgt Ihnen jemand? Beobachtet Sie jemand? Gibt es verdächtige Personen? Gehen Sie in der Mitte des Weges und raumgreifend um die Ecken, um einen eventuell lauernden Bösewicht rechtzeitig sehen zu können. Diese ständige Aufmerksamkeit ist unsere stärkste Waffe, um einer kritischen Situation aus dem Wege gehen zu können.

Ein Überfall wird plötzlich erfolgen und wahrscheinlich von hinten oder von der Seite. Oftmals wird ein unbewaffneter Angreifer versuchen, Ihnen den Geldkoffer zu entreißen oder Sie zunächst zu Fall zu bringen. Gut, wenn Sie die Hand dann an der Waffe haben, um sofort ziehen und schießen zu können, wenn Sie den Angreifer abgeschüttelt haben (aus einer Umklammerung möglichst herausdrehen). Auch wenn Sie auf den Boden gerissen werden, können Sie möglicherweise sichere Schüsse abgeben. Trainieren Sie, immer schnell hintereinander mehrere Schüsse abzugeben, damit Sie die wirksame Gaswolke vergrößern. Versuchen Sie, sich selbst aus dem Wirkungskreis der Wolke herauszuhalten.

Halten Sie die Waffe fest, damit Sie sie nicht verlieren oder der Täter sie Ihnen wegnimmt. Schreien Sie laut um Hilfe. Wenn Sie mit Ihrer Gaswolke Wirkung erzielt haben, laufen Sie möglichst schnell weg und informieren die Polizei. Ein Handy tut hier gute Dienste.

Wenn ein Angreifer Sie jedoch mit einer Waffe (Schusswaffe, Messer) bedroht, haben Sie kaum eine Chance, falls Sie nicht sehr fit im Nahkampf (Entwaffnen) sind. Lassen Sie Ihre Waffe stecken und geben Sie das Geld heraus. Es ist es nicht wert, sich erschießen oder abstechen zu lassen.

Ähnliches gilt für Überfälle beim Joggen oder Spazierengehen. Mit einem Kopfhörer und MP3-Player mag es sich ja gut laufen, aber Sie hören es nicht, wenn sich ein potentieller Angreifer von hinten nähert! Meist können Sie sich nur mit Training in der Selbstverteidigung oder körperlicher Überlegenheit wirksam wehren. Denken Sie daran, mit Schlägen oder Tritten möglichst die empfindlichste Stelle des Menschen zwischen den Beinen zu treffen. In der Selbstverteidigung ist alles erlaubt, beißen und Augen auskratzen inklusive. Besuchen Sie einen Kurs!

Auch gegen mehrere Angreifer könnten Sie mit der Waffe eine Chance haben, indem Sie einen oder zwei mit Schüssen „einnebeln“ und die entstandene Lücke zur Flucht nutzen. Natürlich müssen Sie sich selbst von der Gaswolke freihalten können.

Wenn es nicht nur um Geld, sondern um Ihre Gesundheit geht, sollten Sie jedoch nie nachgeben, sondern sich sofort mit allen Kräften wehren und möglichst laut schreien, um den Angreifer nervös zu machen.

Es kann vorteilhaft sein, zunächst scheinbar nachzugeben, um dann ganz plötzlich die Gegenwehr zu starten. Versuchen Sie, den Angreifer vor Ihrer Aktion zu irritieren (Schrei, Anspucken, Gegenstand werfen).

Die Situation muss Ihre Handlung bestimmen, und Sie müssen sich für eine Art der Gegenwehr schnell entscheiden. Der Einsatz der Waffe kann Erfolg haben, ist aber kein Allheilmittel.

In letzter Zeit sind brutalste Übergriffe von Tätergruppen geschehen. Das oder die Opfer werden von vielen Tätern (4-30 Personen oder mehr!) umringt, ausgeraubt und/oder sexuell belästigt. Oft traf es Frauen. Die Polizei empfiehlt in solchen Fällen, alle Wertsachen herauszugeben und zu hoffen, das es damit erledigt ist. In solchen Fällen haben Sie wahrscheinlich mit keiner Waffe eine Chance, viel zu viele Hände greifen nach Ihnen. Vielleicht können Sie mit einem kleinen scharfen Gegenstand in der Hand noch einige Verletzungen zufügen. Schreien Sie. Leeren Sie ihr Pfefferspray in die Runde. Vielleicht macht das aber diese Feiglinge auch nur noch brutaler. Eine andere Empfehlung, als möglichst im Vorfeld solche gefährliche Situationen zu erkennen und Ihnen aus dem Wege zu gehen, kann ich Ihnen leider auch nicht geben. Vermeiden Sie Menschenansammlungen, ändern Sie Ihre Pläne und kehren um, rennen Sie weg, schließen Sie sich mit anderen Passanten zusammen, rufen Sie rechtzeitig die Polizei.

Die gefährlichsten Waffen, die außer scharfen Schusswaffen gegen uns gerichtet sein können, sind Messer. Leider auch ein zunehmendes Täterwerkzeug. Einen Messerkämpfer zu entwaffnen, ist sogar für die meisten trainierten Kampfsportler unmöglich, ohne selbst verletzt zu werden. Alles andere sind Märchen, also denken Sie erst gar nicht darüber nach! Sogar ein ungeübter Messerkämpfer ist in der Lage, einen Abstand von 5-7 Metern zu überwinden und zuzustechen, bevor Sie die Waffe ziehen und schießen können. Und selbst wenn Sie es vorher schaffen zu schießen, kann er Sie immer noch mit dem Messer erreichen. Unsere Schüsse aus der Gaswaffe bewirken keinen sofortigen Stopp des Angriffs! Bei Bedrohungen mit dem Messer ist also schnellstmöglich und unverzüglich Abstand zu gewinnen, so viel wie möglich! Vergessen Sie auch Ihr eigenes Messer, falls Sie eines bei sich tragen - ein Messerkampf ist meistens auf beiden Seiten sehr blutig, und endet fast immer tödlich oder mit schwersten Verletzungen. Ein Messerangriff aus einer Entfernung von 5 bis 7 Metern ist bei modernen Ausbildern und in der aufgeklärten Rechtsprechung eine Rechtfertigung für absolut tödliche Reaktion (sprich: Schusswaffengebrauch). Ziehen Sie Ihre Lehren daraus! Wenn eine Klinge in der Dunkelheit aufblitzt, ist es meistens schon zu spät.

Die Gaswaffe im Haus als Schutz vor Einbrechern

Hier eignen sich durchaus größere Waffen (Combatwaffen), die Sie an einem sicheren Ort so versteckt haben, dass nur Sie sie schnell finden. Sie sollten sofort ohne Durchladen oder Entsichern schussbereit sein. Auch eine starke Taschenlampe gehört sofort griffbereit in jeden Haushalt, heutzutage auch ein Handy.

Angenommen, Sie hören nachts merkwürdige Geräusche im Haus. Sie sollten ein Telefon oder Handy am Bett haben, um sofort die Polizei zu rufen. Überprüfen Sie in einer ruhigen Stunde einmal, ob eine ältere Telefonanlage vielleicht durch Knacken oder ähnliches Ihren Anruf verraten könnte. Ein Handy ist hier vorteilhaft. Die Polizei kommt übrigens lieber umsonst als zu einer Straftat. Es ist eher unwahrscheinlich, dass man Sie mit den Kosten des unnötigen Einsatzes belastet.

Nur wenn unbedingt nötig (z.B. um nach den Kindern im anderen Zimmer zu sehen), schleichen Sie mit Waffe und ausgeschalteter Taschenlampe heraus. Machen Sie kein Licht, Sie würden für einen bewaffneten Einbrecher sofort ein gutes Ziel bieten. Bleiben Sie in Deckung, und versuchen Sie herauszufinden, ob es tatsächlich ein Einbrecher ist. Vielleicht kommt Ihre Tochter ja nur zu spät von einer Party heim oder geht heimlich an den Kühlschrank. Vergessen Sie dann nicht, die Polizei noch einmal zu informieren.

Machen Sie erst aus einer guten Deckung heraus Licht - wenn überhaupt - und rufen den Einbrecher an. Er darf Sie nicht sofort sehen. Manchmal reicht das ja schon, um ihn zu verjagen. Lassen Sie ihm einen Ausweg: „Verlassen Sie sofort mein Haus, oder ich schieße!" Allerdings sind immer mehr Einbrecher bewaffnet und haben eine große kriminelle Energie, die Gefahr ist bei einer direkten Konfrontation also sehr groß. Sehr oft wissen die dreisten Kriminellen sogar, dass Sie sich im Haus befinden! Warten Sie lieber, verbarrikadiert in Ihrem Schlafzimmer, bis die Polizei vorgefahren ist - sie wird meist ohne Blaulicht und Sirene kommen - und die Beamten ausgestiegen und an ihrem Haus sind. Und machen Sie sich in einer ruhigen Stunde einmal intensiv darüber Gedanken, wie Sie nun sicher zu den Polizisten oder wie diese ins Haus kommen können, falls doch ein bewaffneter Verbrecher im Haus ist.

Wenn der Einbrecher Sie unbewaffnet angreifen sollte, schießen Sie rechtzeitig aus einer wirksamen Entfernung. Bedenken Sie: eine Reizstoffwolke wird auch Sie betreffen und die Räume kontaminieren. Nutzen Sie im Haus vielleicht nur Knallpatronen mit verstärktem Mündungsblitz oder besser noch gleich ein Gel in Sprayform. Vielleicht können Sie den Eindringling auch mit Ihrer Taschenlampe blenden. Halten Sie die eingeschaltete Lampe mit seitlich ausgestrecktem Arm weit von sich, um dem Einbrecher kein Ziel zu bieten. Wechseln Sie danach sofort mit ausgeschalteter Lampe ihre Deckung. Nutzen Sie Ihren Heimvorteil, Ihr Haus auswendig zu kennen. Kennen Sie es wirklich? Wissen Sie, wie herum die Türen öffnen, finden Sie im Dunkeln auf Anhieb alle Lichtschalter, können Sie im Stockdunkeln durch die Wohnung schleichen, ohne irgendwo anzustoßen?

Das Stellen eines Einbrechers kann ein tödliches Unternehmen sein, zumal wenn Sie es allein tun wollten. Gegen einen Einbrecher mit einer scharfen Schusswaffe haben Sie kaum eine Chance, also überlegen Sie vorher gut, was Sie tun! Sie können nicht wissen, ob der Einbrecher bewaffnet ist. Gehen Sie kein unnötiges Risiko ein! Die Polizisten können nicht schnell genug ins Haus kommen, um Ihnen zu helfen! Es ist besser, die Einbrecher mit Ihrer Beute ziehen zu lassen, als in einer direkten Konfrontation zu gesundheitlichem Schaden zu kommen.

Der Begleiter im Auto

Oft werden Gaswaffen im Auto zur Selbstverteidigung mitgeführt. Dabei ist das Auto als enger, geschlossener Raum für den Einsatz einer Gaswaffe ziemlich ungeeignet. Die Gefahr ist sehr groß, dass Sie selbst von der Wirkung der Gaswolke betroffen werden, wenn Sie nicht sofort das Fahrzeug nach oder besser mit dem Schuss verlassen können. Zudem wird ein Schuss im Auto - z.B. gegen einen Anhalter mit kriminellen Absichten - auf Grund der geringen Entfernung immer zu schwersten Verletzungen führen. Ein Knalltrauma droht ohnehin. Hier abzuwägen, ob die Gefahr tatsächlich so groß ist, dass später auch ein Gericht die Verteidigung als angemessen betrachten wird, ist in der Stresssituation fast unmöglich.

Im Auto sollte daher besser auf ein Gasspray vertraut werden, bei dem die Verletzungsgefahr für den Gegner nicht so groß ist. Noch besser sind im Auto die später besprochenen Pfeffer-Gels bzw. Pfeffer-Schaum. Denken Sie daran, es so zu platzieren, dass Sie es mit der linken Hand blind unbemerkt ergreifen und plötzlich anwenden können, denn Ihr Gegner wird auf dem Beifahrersitz oder hinter Ihnen sitzen. Lenken Sie ihn mit einer Frage ab, während Sie das Spray (bzw. Schaum oder Gel) erfassen. Der Sprühkopf sollte sofort in die richtige Richtung zeigen. Haben Sie die rechte Hand bereits an Ihrem Gurtschloss, um nach dem Sprayen sofort aussteigen zu können. Das ist natürlich nur bei stehendem Fahrzeug möglich!

Denken Sie daran, dass Sie anschließend auf Ihre Füße angewiesen sind, denn der Innenraum Ihres Autos muss erst einmal neutralisiert werden, bevor Sie den Wagen wieder benutzen können. Also suchen Sie sich möglichst einen belebten Platz für Ihre Aktion, wo Sie schnell Hilfe finden (Rastplatz, Tankstelle, belebte Kreuzung).

Da Sie im Auto am besten mit der linken Hand handeln sollten, müssen Sie den Einsatz des Sprays gut trainieren! (Etwas Wasser in einem kleinen Zerstäuber reicht für das Training.)

Einen Trick sollten Sie auf alle Fälle (aber nur für den äußersten Notfall) parat haben. Oft vergessen solche kriminellen Zusteiger, sich anzuschnallen. Der beherzte Tritt auf die Bremse, sprich eine Vollbremsung selbst aus geringer Geschwindigkeit, befördert den Kameraden schneller Richtung Windschutzscheibe, als er denken kann. Und selbst wenn er angeschnallt ist, können Sie vielleicht kurz vor der Bremsung unbemerkt sein Gurtschloss öffnen. Achtung, schwerste Verletzungen des Gegners sind wahrscheinlich!

Natürlich ist es am sichersten, erst gar keinen Anhalter mitzunehmen. Aber manchmal ergeben sich Situationen, wo man aus Hilfsbereitschaft oder Mitleid jemanden zusteigen lässt, der sich später als Krimineller entpuppt. Das kann auch aus folgenden Situationen entstehen, die nicht sofort als Falle erkannt werden.

Viele Menschen haben Angst davor, als erste an einen Unfallort auf der Straße zu kommen. Es ist eine Mischung aus Angst vor dem eigenen Unvermögen, nicht helfen zu können und dem Entsetzen vor den oft furchtbaren Verletzungen, die man antreffen könnte. Wie man selbst in einer solchen Situation reagiert, weiß man erst, wenn man sie erleben musste. Versuchen Sie auf jeden Fall zu helfen, aber achten Sie auch auf Ihre eigene Sicherheit.

So kann es sich bei dem Unfall (oder der Panne) durchaus um eine vorgetäuschte Szenerie handeln, um Ihren Wagen zu stehlen oder um Sie auszurauben. Oft wird sich eine solche Situation nachts auf unbelebter Straße ereignen. Wie sollte man reagieren?

Gut ist in solchen Fällen ein Handy an Bord. Auch ein ausgedientes ohne Karte ist nützlich, denn die Notrufe (110, 112 oder zumindest einer davon) können immer abgesetzt werden. Vergessen Sie ein Kabel für den Zigarettenanzünder nicht, denn die Batterie versagt immer in den dringendsten Fällen. Falls Sie also einen vermeintlichen Unfall sehen, halten Sie (mit verriegelten Türen), schalten die Warnblinker und informieren sofort die Polizei. Details können Sie später noch durchgeben. Sie müssen dazu natürlich ihren ungefähren Standort wissen. Hand aufs Herz - sind Sie sich nachts bei einer langen Autofahrt immer bewusst, wo genau Sie gerade sind? Sicher ist heutzutage meist eine ungefähre Ortung Ihres Handys möglich, aber das dauert etwas.

Versuchen Sie sich einen Überblick über die Lage zu schaffen. Sie sollten eine starke Taschenlampe immer griffbereit haben, um aus dem Auto heraus die Umgegend ableuchten zu können. Erst wenn alles echt zu sein scheint, steigen Sie aus. Dabei gehört die Taschenlampe in die linke Hand, in die rechte Gaswaffe oder -spray. Die Taschenlampe in Schulterhöhe in der erhobenen Faust, so dass Sie damit sowohl blenden als auch zuschlagen könnten. Ein Holster mit Clip ist im Auto nützlich, Sie können es jetzt schnell am Gürtel befestigen. Später könnte Ihnen die Waffe an der Seite auch Respekt verschaffen, wenn Sie Gaffer vertreiben müssen. Nehmen Sie Handy und Zündschlüssel mit - schließen Sie aber nicht ab - und nähern Sie sich dem Unfallwagen. Leuchten Sie weiterhin auch die Umgebung ab. Sollten plötzlich weitere Leute aus dem Dunkel auftauchen, nichts wie zurück ins Auto, die Türen verriegelt und einige Meter weitergefahren! Sie werden dann sehen, ob sich diese Leute mehr um den Unfall als um Sie kümmern.

Sollte nichts dergleichen passieren, sichern Sie die Unfallstelle ab, kümmern sich um die Verletzten und geben Details an die Polizei durch. Falls Sie weitere Fahrzeuge zur Hilfeleistung anhalten müssen, denken Sie daran Ihre Waffe zu verbergen, damit Sie niemanden verschrecken.

Denken Sie immer an Ihre Eigensicherung, z.B. Warnweste und -dreieck, Warnblinker etc.! Zu viele Helfer sind schon unschuldig gestorben.

Sie können auch, wenn Sie die Notrufnummer der Polizei gewählt haben, bei laufender Verbindung aussteigen und sozusagen „live“ Details berichten. Da alle Notrufe aufgezeichnet werden, haben Sie später auch „Ohrenzeugen“, falls es sich doch um einen Überfall handelt. Dieser Tipp gilt für alle Notrufe bei der Polizei, wenn die Gefahr einer Eskalation gegeben ist. Leider benötigen Sie dazu meist eine zusätzliche Hand, wenn auch noch Lampe und Waffe mitsollen. Vielleicht klappt es auch mit der Freisprecheinrichtung Ihres Handys.

Im Falle der Hilfeleistung bei einer Panne gehen Sie ähnlich vor, jedoch sollte Ihre Waffe ebenso nicht sofort sichtbar sein, um arglose Bürger nicht zu erschrecken. Ihre Taschenlampe ist hier ebenfalls sehr nützlich. Die Lampe sollte stark und stabil sein, also kein Billig-Plastik-Teil, das bei einem Schlag in die Einzelteile zerfällt, sondern stabiles Metall.

Es gilt auch hier - sollte Ihr Gegner Sie mit einer Waffe bedrohen, ist äußerste Zurückhaltung angebracht, um zu überleben. Sie haben mit Ihrer Gaswaffe keine Chance gegen eine scharfe Waffe. Ihr Auto ist Ihr Leben nicht wert.

Auf Autobahnen gibt es immer wieder Überfälle auf Parkplätzen. Täter können hier schnell flüchten. Das Auto mit verriegelten Türen ist der sicherste Platz. Verlassen Sie es nur, wenn unbedingt nötig und mit den notwendigen Sicherheitsmaßnahmen. Eine Rast auf einem belebten Rastplatz oder einer Tankstelle ist immer dem einsamen Autobahnparkplatz vorzuziehen, aber einige Regeln sollten auch hier eingehalten werden.

Der häufigste Grund für das Anfahren eines Parkplatzes ist neben einem notwendigen Toilettenbesuch oder einem Imbiss wohl die Übermüdung des Fahrers. Verriegeln Sie alle Türen (der Kofferraum sollte auch abgeschlossen sein) und halten Sie Scheiben und Lüftung geschlossen. So können die Täter kein Gas gegen Sie anwenden, um Sie zum Verlassen des Fahrzeugs zu zwingen. Der Zündschlüssel sollte stecken und der Motor startbereit sein (also Zündschlüssel noch mal ganz zurückdrehen und wieder in Normalstellung bringen); Lampe, Handy, Waffe oder Spray griffbereit, aber von außen nicht sichtbar.

Wenn Personen an die Scheibe klopfen sollten, nicht aussteigen, sondern von innen nach dem Grund fragen, höchstens die Scheibe einen kleinen Spalt öffnen, jedoch bereit zum sofortigen Schließen des Fensters sein.

Bei verdächtig aussehenden Personen am besten gleich starten und abfahren. Sollte sich eine Person in den Weg stellen, müssen Sie notfalls einen solchen Täter mit dem Fahrzeug langsam, aber konsequent zur Seite drängen oder umfahren. Sollte einer Ihrer Reifen plötzlich platt sein, können Sie auch damit eine kurze Strecke zurücklegen (allerdings werden dann Reifen und Felge zum Teufel sein). Die Situation muss auch hier bestimmen, welches Handeln notwendig und sinnvoll erscheint! Wenn plötzlich mehrere Personen an Ihrem Fahrzeug sind, ist das meist verdächtig.

Sollten Sie mit einer Waffe bedroht werden, könnten Sie höchstens mit einem Schnellstart eine Chance haben. Da die Täter es in erster Linie auf Ihr Auto abgesehen haben, ist es unwahrscheinlich, dass sie schießen, da ja dann das Auto beschädigt und wertlos wird. Aber wer kann das schon mit Sicherheit sagen? Informieren Sie nach solchen Vorfällen unbedingt die Polizei!

Eine andere Masche war das Stoppen durch falsche Polizisten in einem Zivilfahrzeug. Sollten Sie durch ein solches Fahrzeug zum Anhalten aufgefordert werden, tut ein Handy wieder gute Dienste, mit dem Sie noch während der Fahrt bei der Polizei nach der Echtheit der Polizisten fragen können. Verdächtig sind alte Fahrzeuge oder solche mit einem merkwürdigen Kennzeichen. Die Autobahnpolizei fährt auch keine Kleinwagen. Sie kommen im übrigen Ihrer Anhaltepflicht nach, wenn Sie erst noch bis zum nächsten beleuchteten und belebten Rastplatz, Parkplatz oder der nächsten Tankstelle weiterfahren. Die Polizei wird Sie im Regelfall auch erst an solchen Stellen stoppen, nur im Ausnahmefall sofort auf dem Standstreifen.

Sollten Sie dann stoppen, achten Sie beim Aussteigen der vermeintlichen Beamten auf verdächtige Details. So haben Beamte in Uniform niemals Turnschuhe an (Zivilfahnder schon), zur Uniform gehören auch Details wie Waffenholster oder Dienstabzeichen.

Auch hier gilt: Türen verschlossen halten und Scheibe nur einen Spalt öffnen, bis Sie sich anhand der Dienstausweise von der Echtheit der Polizisten überzeugt haben. Es ist zwar nicht vorgeschrieben, aber es empfiehlt sich, nach amerikanischem Vorbild die Hände gut sichtbar auf dem Lenkrad zu halten, Bewegungen anzukündigen und nachts das Innenlicht einzuschalten, um nicht plötzlich in die Mündung einer Dienstwaffe schauen zu müssen.

Sollte die Möglichkeit bestehen, dass die Polizisten Ihre Waffe bemerken könnten, machen Sie sie bitte vorher darauf aufmerksam: „Bitte beachten Sie, dass ich legal eine Waffe bei mir habe. Hier sind die notwendigen Erlaubnisse (z.B. Kleiner Waffenschein)." Ansonsten finden Sie sich sehr schnell mit ausgebreiteten Armen auf der Motorhaube oder dem Boden liegend wieder!

Die beste Vorbeugungsmaßnahme ist im übrigen die Einhaltung der Verkehrs- und Geschwindigkeitsregeln, damit die Polizei erst gar keinen Grund hätte, Sie anzuhalten.

Eine in Deutschland gottlob noch nicht verbreitete Art des Autodiebstahls ist das brutale Car-jacking. Es ist jedoch bereits mehrfach passiert.
Dabei werden Sie z.B. bei einem Ampelstopp mit der Waffe bedroht oder aus Ihrem Auto gerissen. Also auch hier: Türen verriegeln. Wenn sich die Möglichkeit bietet, können Sie auch auf Ihren Vordermann auffahren. Der wird zwar nicht erfreut sein, aber Ihr Auto wird durch den Schaden für die Diebe wertlos. Eine sichere Verhaltensweise ist es, bei Annäherung an eine rote Ampel nachts sehr langsam heranzufahren, um ständig Geschwindigkeit im Fahrzeug zu haben. Das hilft auch tagsüber bei unerwünschten „Scheibenputzern" in Großstädten. Mit etwas Übung und vorausschauender Fahrweise kommt man bei wenig Verkehr sogar durch eine Großstadt, ohne anhalten zu müssen.

Falls Sie Bedenken haben sollten, während der Fahrt die Türen zu verriegeln, damit Sie im Falle eines Unfalles leichter geborgen werden können, müssen Sie diese Sicherheit gegen die der verriegelten Türen abwägen. Ich denke, dass in den meisten Fällen der Unfallhelfer in seinem Fahrzeug zumindest einen Wagenheber oder ähnliches haben wird, um im Notfall eine Scheibe zertrümmern zu können. Immer mehr Fahrzeuge werden inzwischen so gebaut, dass die Türen sich mit dem Zuschlagen oder kurz nach dem Anfahren automatisch verriegeln. Eventuell müssen Sie Ihr Auto entsprechend konfigurieren.

Sie sehen, im und um das Auto gibt es vielfältige Situationen, die Sie in Gefahr bringen können. Meist ist hier Ihre Gaswaffe schlecht oder gar nicht einzusetzen, es sei denn, Sie müssen jemandem zu Hilfe eilen, den Sie vom Auto aus beobachten. Dafür kann eine Gaswaffe durchaus ein vernünftiger Begleiter im Auto sein. Ansonsten empfiehlt sich eher ein Gasspray, noch besser aber Schaum oder Gel.
Wichtiger ist jedoch ein sicherheitsbewusstes Verhalten, das schon vor Fahrtantritt durch ein ausgeruhtes Befinden und einen Toilettenbesuch beginnt.

Im Fahrzeug sollte die Waffe (oder das Gas) in unmittelbarer Nähe des Fahrers schuss- und zugriffsbereit in einem Gürtelholster mit Clip oder Paddle aufbewahrt werden. Also bitte nicht im Handschuhfach und auch nicht von außen sichtbar. Ein Platz unter dem Armaturenbrett oder am bzw. unter dem Fahrersitz, wo man ein Paddleholster einrasten kann, wäre ideal. Sie haben nicht vergessen, dass Sie auch im Auto einen Kleinen Waffenschein brauchen?

Das Gas sollte mit der linken Hand schnell und unbemerkt zu ergreifen sein. Es kann gut mit selbstklebendem Klettband befestigt werden.

Denken Sie auch daran, Ihr Fahrzeug ständig verschlossen zu halten, wenn sich eine Waffe oder Gas darin befindet. Spielende Kinder haben dann nichts mehr in Ihrem Auto verloren. Allerdings ist das Zurücklassen einer schussbereiten Waffe im Auto keine ordnungsgemäße Aufbewahrung im Sinne des Waffengesetzes! Bei einem Einbruch in das Auto und Diebstahl der Waffe könnte es also Ärger geben!

Abwehr von Hundeangriffen

Immer wieder machen Zeitungsberichte von Hundeangriffen auf Menschen Schlagzeilen. Nun kenne ich die Statistik zu wenig, um eine konkrete Zunahme der Vorfälle zu bestätigen. Auf alle Fälle scheint diese Bedrohung stärker zu werden. Es werden sowohl fremde Menschen als auch dem Tier bekannte angegriffen, in einigen Fällen sogar der Halter selbst.

Wie sollte man sich in einem solchen Fall verhalten; kann mich meine Gaswaffe schützen?

Die Chancen stehen in den meisten Fällen eher schlecht. Der Angriff erfolgt meist unerwartet und blitzschnell aus nächster Nähe, manchmal nur durch eine plötzliche oder ruckartige Handbewegung ausgelöst. Die Empfehlung, dem Hund den linken Unterarm als Angriffspunkt zu geben, kann nur theoretisch sein. Dann könnten Sie mit der rechten Faust auf die Nase, die empfindlichste Stelle des Tieres, einschlagen, möglichst mit einem harten Gegenstand. Aber vielleicht macht dies das Vieh nur noch wütender, statt dass es von uns ablässt?!

Hier ließe sich auch ein Schuss aus der Gaswaffe oder ein Spraystoß anbringen. Denken Sie daran, es wirkt nur OC (Pfeffer) sicher auf das Tier, allenfalls noch ein Schreckschuss mit seinem Feuerstoß! Bei einem Schuss werden Sie sich höchstwahrscheinlich auch selbst verletzen, aber das scheint mir sinnvoller, als sich den Arm vollends zerfetzen zu lassen. Leichter gesagt als getan ist auch, den Arm nicht zurückzuziehen, damit das Tier seinen Biss nicht verstärkt.

Sie sollten auf alle Fälle versuchen, aufrecht stehen zu bleiben. Manchmal kann heftiges Anbrüllen des Tieres helfen oder der strenge Befehl „Aus!“ oder „Sitz!“. In der größten Not besinnen Sie sich auf Ihren animalischen Ursprung und versuchen Sie, mit der freien Hand dem Vieh die Kehle aus dem Hals zu fetzen oder zumindest dort zu schlagen oder zu würgen. Vielleicht bietet sich auch Gelegenheit, durch eine Hebelbewegung das Genick des Tieres zu brechen. Falls so ein großer Hund auf Sie zu rennt, empfehlen viele Züchter stehenzubleiben

Bei einem Hundeangriff versuchen Sie, mit dem linken Arm das Tier abzufangen. Hoffentlich haben Sie die Zeit und Geistesgegenwart, sich wie hier gezeigt auf den Angriff vorzubereiten!

und dem Tier den Rücken zuzudrehen. Stehenzubleiben ist schon richtig, um den Jagdtrieb des Tieres nicht noch mehr anzustacheln. Aber mit dem Rücken zudrehen habe ich meine Probleme. Ich sehe dann nicht mehr, was das Tier tut. Und von hinten angefallen zu werden ist nicht gut, da Sie sich kaum noch verteidigen können. Vermeiden Sie auf alle Fälle, dem Tier direkt in die Augen zu sehen, da dies vom Hund meist als Aggression wahrgenommen wird.

Ich halte es für besser, einen festen Stand einzunehmen (rechten Fuß nach hinten, um die Wucht abzufangen; linken Arm nach vorn); sich so groß wie möglich zu machen und laut zu brüllen. Vielleicht sollten Sie sogar auf den anstürmenden Hund zulaufen. Eventuell kann man das Vieh ja beeindrucken.

Auf alle Fälle sollten Sie Ihre Waffe schussbereit in der rechten Hand haben. Wenn das Tier nahe genug ist (4-5 Meter), schießen Sie und weichen zurück. Wenn Sie die Zeit haben, können Sie mit mehreren Schüssen eine OC-Wolke aufbauen, in die das Tier hinein rennt. Aber verpulvern Sie nicht das ganze Magazin, vielleicht erreicht der Hund Sie ja doch noch. Ein aufgesetzter Schuss ist sehr schmerzhaft und zerstörerisch, auch für Tiere.

All das erfordert eine gehörige Portion Kaltblütigkeit, und wer hat die in solchen Überraschungsmomenten schon. All das sind auch nur meine Theorien, denn ich musste - Gott sei Dank - trotz einigen Hundeerfahrungen noch nie einen Hundeangriff abwehren. Aber vielleicht kann sich der eine oder andere Tipp in der Praxis als sinnvoll und nützlich erweisen, wenn er Ihnen in der größten Not einfällt.

Die Waffe hinter dem Verkaufstresen

So mancher Händler, Wirt oder Tankstellenpächter hat unter seinem Tresen eine Gaswaffe zu liegen. In den wenigsten Fällen ist sie sofort schussbereit oder mit einem blinden Handgriff zu finden, ohne sich bücken zu müssen. Damit sind schon einige wichtige Probleme angesprochen.

Aber in den wenigsten Fällen macht die Waffe dort auch Sinn, wenn wir einmal vom Gastwirt absehen, der sich vielleicht gegen betrunkene Randalierer zur Wehr setzen muss.

Überfälle auf Kassen werden fast ausschließlich bewaffnet - vorrangig mit Schusswaffen - verübt. In einem solchen Fall zur Gaswaffe oder auch nur dem Alarmknopf zu greifen, ist lebensgefährlich und allzu oft tödlich. Wenn Sie kein Experte sind, haben Sie kaum eine Chance so schnell zu erkennen, ob die Waffe echt ist oder „nur" eine Gas- oder Schreckschusswaffe. Sie können zwar an einigen Merkmalen eine Gaswaffe erkennen (rundes PTB-Zeichen, Gewinde für den Signalbecher, erkennbare Sperren im Lauf), aber diese Waffe kann von einem versierten Bastler auch auf das Verschießen von scharfer Munition umgebaut worden sein. Auch Softairwaffen sind den scharfen Modellen täuschend ähnlich und manchmal nur noch an der Mündung zu erkennen. Aber der Verbrecher hat die Waffe schon auf Sie gerichtet und kann sofort schießen, während Sie Ihre Waffe erst in Anschlag bringen müssen. Zudem lässt Ihnen der Täter keine Zeit, seine Waffe genau genug zu betrachten.

Hätten Sie es erkannt? Von links nach rechts: scharfe Glock 19 in 9mm, Airsoft-Glock in 6mm BB und Zoraki 917 Schreckschuss.

Also lassen Sie die Finger von Ihrer Gaswaffe und geben Sie das Geld heraus. Sie sind hoffentlich gegen Überfälle versichert. Der Einsatz Ihrer Gaswaffe, der wie schon mehrfach besprochen dann blitzschnell und wirksam erfolgen muss, kann nur in absoluten Ausnahmefällen sinnvoll sein. Wichtiger ist auch hier das sicherheitsgerechte Verhalten. Häufiges Leeren der Kasse zwischendurch hält Ihren Schaden in Grenzen. Lassen Sie aber immer ein paar Euro darin, damit der Täter wirklich damit abzieht und nicht noch weiter nach Beute sucht.

Dem Gastwirt rate ich eher zu einem Gasspray als zu einer Waffe. Es gibt im Waffenfachhandel sowohl OC- als auch CS-Gas in fast feuerlöschergroßen Abfüllungen, mit denen Sie eine ganze Horde prügelnder Randalierer bequem einnebeln können. Die Wirkung dürfte solange anhalten, bis die Polizei da ist. Besser noch wäre für den Wirt Gel oder Schaum, um die Kontamination der Räume gering zu halten.

Unser Verhalten nach dem Einsatz

Ein weiteres Problem, das ich an dieser Stelle ansprechen möchte, ist das Verhalten nach dem erfolgreichen Einsatz von Gas. Der Täter liegt womöglich am Boden und krümmt sich in seinen Schmerzen – na ja, das ist wohl eine Idealvorstellung. Er wird eher stehen bleiben, die Augen zukneifen, und die Hände vor das Gesicht schlagen bzw. damit Abwehrbewegungen machen. Wenn der Täter in Bewegung ist, also z.B. auf Sie zuläuft, wird er diese Bewegung fortsetzen! Sie sollten also auf alle Fälle sofort zur Seite oder nach hinten ausweichen.

Sie konnten sich selbst bisher von der Wirkung des Gases fernhalten. Der Täter ist zumindest einige Sekunden mit sich selbst beschäftigt. Denken Sie daran, dass die Reizstoffe erst nach einigen Sekunden wirken. Vielleicht wirken Sie ja auch gar nicht!

Also ist schnelles Handeln angesagt. Entfernen Sie sich sofort weiter vom Täter, um nicht noch selbst etwas Gas abzubekommen. Laden Sie Ihre Waffe nötigenfalls nach, falls Sie ein Ersatzmagazin oder Ersatzpatronen dabei haben sollten, wer weiß, wie lange die Wirkung des Gases anhält oder wie viele Kumpane des Täters in der Nähe sind. Entfernen Sie sich so weit wie möglich und nötig von dem Tatort, und benachrichtigen Sie ***schnellstmöglich*** und ***in allen Fällen*** die Polizei. Hier ist wieder ein Handy sehr nützlich.

Sonst kann es passieren, dass die Herren von der Kripo nach Ihnen suchen und Sie der Körperverletzung bezichtigen. Es gibt nämlich sehr dreiste Täter, die anschließend Sie anzeigen! (Sie können im Verlaufe eines eventuell folgenden Prozesses übrigens immer noch wegen Überschreitung der Notwehr oder Körperverletzung belangt werden!)

Wenn Sie der Erste sind, haben Sie bessere Chancen, dass man Ihnen Glauben schenkt, so unglaublich das auch klingt. Es wird zumeist Aussage gegen Aussage stehen, und Sie sind derjenige, der geschossen bzw. den anderen verletzt hat! Wenn Sie die Auszüge aus dem Strafgesetzbuch im Kapitel 2.2 aufmerksam gelesen haben, ist Ihnen sicher aufgefallen, dass im Falle der Notwehr von Ihnen als Täter gesprochen wird!

Auch eine Festnahme oder Festsetzung des Täters ist Aufgabe der Polizei. Notfalls müssen die ihn suchen, wenn er sich schon wieder vom Tatort entfernt hat. Sie sind zwar als Bürger im Falle des „auf frischer Tat Ertappens“ oder verfolgen eines Straftäters zu einer vorläufigen Festnahme - auch mit notwendiger Gewaltanwendung – berechtigt (§127 StPO), doch sollten wir das den Profis von der Polizei überlassen. Der Täter könnte einen neuen Angriff starten, den wir dann vielleicht nicht mehr abwehren können. Außerdem ist er möglicherweise noch von Gas umwabert, das Sie treffen könnte.

Falls möglich, sollten Sie eventuelle Zeugen des Vorganges aufhalten. Sprechen Sie diese direkt an, und bitten Sie um Hilfe. Viele Leute haben aus Angst vor Unannehmlichkeiten später angeblich nichts gehört und nichts gesehen oder gehen einfach weiter. Schreiben Sie sich Namen und Adressen auf, warten Sie damit nicht, bis die Polizei da ist und das tut.

Falls sich der Vorgang in Ihrem eigenen Besitz zugetragen haben sollte, können Sie den Täter vielleicht irgendwo sicher einschließen, bis die Polizei kommt. Aber halten Sie auch hier lieber größtmöglichen Abstand.

Verhalten mit einer Waffe gegenüber der Polizei

Immer wieder wird gerade von Angehörigen der Polizei ein Argument gegen Gaswaffen in legalem Bürgerbesitz laut, das die Verwechslungsgefahr mit scharfen Waffen betrifft. Die Gaswaffe könnte von einem Polizeibeamten für eine scharfe Waffe gehalten werden, er fühle sich bedroht und schieße selbst zum Eigenschutz.

Dieses Argument ist nicht von der Hand zu weisen, obwohl es nicht als Argument gegen die legale Notwehr vorgebracht werden sollte. Der anständige Bürger setzt seine Gaswaffe nur im äußersten Notfalle gegen Straftäter ein, wenn er keine andere Möglichkeit zur Verteidigung mehr hat. Der unbestrittene Missbrauch von Gas- und Schreckschusswaffen für kriminelle Zwecke darf nicht dazu führen, dass den Bürgern diese Verteidigungsmöglichkeit genommen wird.

Ein Polizeibeamter, gegen den eine Waffe gerichtet wird, wird sich immer in Notwehr wähnen und seine eigene scharfe Waffe einsetzen. Deshalb ist oberstes Gebot beim Eintreffen der Polizei an einem Tatort, die Gaswaffe ***sofort*** und ***unmissverständlich*** aus der Hand zu legen oder wegzustecken und die Hände zu heben bzw. den Anweisungen der Polizisten zu folgen.

Wenn ein Polizist zum Tatort kommt, kann er nicht sofort wissen, wer gut und wer böse ist. Er wird zuerst auf seine Eigensicherung bedacht sein (ein einsatzunfähiger Polizist kann schließlich gar nichts mehr bewirken).

Ein Polizist wird sich immer, auch wenn Sie einen Straftäter gestellt haben sollten, zuerst gegen die Person mit der Waffe richten - und das sind in diesem Falle Sie! Wenn ein Polizist an einem Tatort eine Waffe sieht, wird er seine eigene ziehen. Geben Sie deshalb in Ihrer Meldung bei der Polizei unbedingt an, dass Sie legal mit einer Gaswaffe bewaffnet sind, wenn Sie selbst den Notruf absetzen können. Oft haben aber auch schon Zeugen die Polizei verständigt. Rufen Sie deshalb in besonders heiklen Situationen den eintreffenden Polizisten zu, dass Sie nicht schießen sollen, auch wenn Sie sich im Recht wähnen. Kommen Sie unbedingt sofort den Anweisungen der Beamten nach, auch wenn dadurch der Täter entkommt.

Und stecken Sie die Waffe weg!!! Die Beamten werden von Ihrer Gaswaffe sowieso nicht begeistert sein, also kehren Sie auch nicht den Helden heraus. Es empfiehlt sich, wenn Sie den Gegner verletzt haben, zunächst von Ihrem Zeugnisverweigerungsrecht Gebrauch zu machen, bis Sie mit Ihrem Anwalt gesprochen haben. Nachteile dürfen Ihnen daraus nicht entstehen. Also erzählen Sie keine Heldenmärchen, sondern maximal nur kurz und knapp das Allernötigste – schließlich stehen Sie noch unter Schock, und Sie sind das Opfer!

Im übrigen wird sich ein Polizist immer - auch wenn er in Zivil ist - vor einem Schuss als Polizist zu erkennen geben. Seine Dienstvorschriften verpflichten ihn dazu.

Glücklicherweise sitzt bei den deutschen Polizisten die Waffe noch nicht so locker wie manchmal bei den amerikanischen Kollegen, aber es gibt immer mehr Ausnahmen. Denn oft mussten Beamte das schon mit dem Leben bezahlen. Es wäre traurig, wenn Sie nach einem überstandenen Angriff anschließend von der Polizei angeschossen oder gar erschossen werden.

Leider kommt in unserer Gesellschaft der Respekt vor der Polizei oder anderen Behördenmitarbeitern immer mehr abhanden. Auch diese Dummheit mussten einige (nach anderen Dummheiten) schon mit Verurteilungen oder mit dem Leben bezahlen. Machen Sie diesen Fehler nicht. Sie treten Leuten gegenüber, die bewaffnet sind, und die von dieser Waffe auch Gebrauch machen, wenn es notwendig ist. Und schließlich sind es Leute, die auf Ihrer Seite stehen. Sie haben unsere höchste Achtung und allen Respekt verdient.

7. Training: Ziehen und Schießen

Es mag Ihnen übertrieben erscheinen, wenn ich Ihnen dringend rate, den sicheren Umgang mit Ihrer Waffe, das schnelle Ziehen und Schießen regelmäßig zu trainieren. Mindestens einmal im Monat, besser jede Woche. „Das ist doch ganz einfach, und außerdem nur eine Gaswaffe", werden Sie sagen. Aber folgendes trifft auch für das Training mit scharfen Schusswaffen oder mit jeder anderen Waffe zu, selbst für Gassprays.

Nehmen wir als Beispiel einmal das Üben des schnellen Magazinwechsels. Beim Training zu Hause oder auf dem Schießstand ist alles ganz einfach. Gute Beleuchtung, angenehme Temperatur, sie haben gut getroffen, sind entspannt und machen zum Spaß noch ein paar Übungen. Sie können sich ganz auf den Magazinwechsel konzentrieren. Das flutscht einfach, und dauert nur zwei Sekunden, wie im Lehrbuch, kein Thema. Das ist leichter wie Zeitung lesen. Jetzt stellen Sie sich folgendes vor: Sie sind auf einer Straße, nachts, es ist 2°C kalt, leichter Nieselregen, Wind. Verdammt, ist das dunkel, die Hände sind eiskalt, das Schmierige muss Blut sein, Sie haben Angst um Ihr Leben... das linke Knie wird gerade gefühllos und das ist gut, weil es vorher noch sehr weh getan hat, als Sie sich vom nassen Asphalt aufgerappelt haben. Irgendwo im Dunkeln schreit jemand, die Ohren klingeln, weil Sie gerade sechs Mal ohne Gehörschutz geschossen haben ... oder waren es acht Mal? ... Die Augen sind noch vom Mündungsblitz geblendet, der Puls hämmert in rasender Geschwindigkeit in den Schläfen, Sie sehen alles wie durch ein 50-cm-Kanalrohr. Und jetzt wechseln Sie das Magazin... Ihr Leben hängt davon ab, dass Sie jetzt keinen Fehler machen...

Nein, ein Magazinwechsel ist nicht kompliziert - aber die Umstände können ihn zu einem fast übermenschlichen Kraftakt machen! In der geschilderten Stress-Situation werden Sie nur noch grobmotorische Handlungen ausführen können, und auch diese nur mit viel Mühe. Je öfter Sie einen Vorgang üben, um so eher wird er sich in Ihr „Muskelgedächtnis" einprägen, und Sie können ihn dann auch im Stress halbwegs sicher ausführen. Ein Vorgang prägt sich etwa nach 2000 bis 3000 korrekten Wiederholungen in das „Muskelgedächtnis" ein. In der geschilderten Stress-Situation sind Sie - aber nur, wenn Sie gut trainiert sind - maximal noch halb so schnell und treffen nur noch halb so gut wie auf dem Schießstand.

Mit Ihrer Waffe haben Sie einen gefährlichen Gegenstand erworben, den Sie im Ernstfall zu Ihrem eigenen Schutz gegen andere Menschen einsetzen wollen. Sie wollen eine Waffe führen, mit der Sie verletzen, unter Umständen töten können.

Sie haben damit eine große Verantwortung übernommen, die Sie geradezu verpflichtet, ständig mit der Waffe zu üben. Denn nur so sind Sie auch in der Lage, die Waffe im Verteidigungsfall schnell, sicher und wirksam einzusetzen.

Da das Combattraining mit scharfen Waffen in Deutschland der Genehmigungspflicht unterliegt, werden Sie schwerlich einen entsprechenden Lehrgang belegen können. Für Gaswaffen werden keine Lehrgänge angeboten. Sie müssen daher zu Hause üben und sich das entsprechende Wissen selbst aneignen. Dazu sollen die folgenden Abschnitte eine Hilfestellung geben.

Natürlich muss sich Ihr Trainingsumfang am Grad Ihrer persönlichen Gefährdung orientieren. Aber gerade, wenn Sie nur selten eine Waffe führen müssen, sollten sie diese sicher beherrschen. Und auch, wenn Sie Ihre Waffe hoffentlich niemals einsetzen müssen, sollten Sie immer für den Ernstfall vorbereitet sein. Denn dazu haben Sie die Waffe schließlich gekauft.

Die Einhaltung der eisernen Sicherheitsregeln aus Abschnitt 5.1 sind bei jedem Umgang mit der Waffe strengstens einzuhalten!

7.1 Combaterfahrungen der US-Police

In den Jahren 1970 bis 1985 hat die New Yorker Polizei die Umstände jeder Schießerei, in die ihre Beamten verwickelt wurden, erfasst und ausgewertet. Neuere Untersuchungen bestätigen immer wieder die Ergebnisse. Nun sind wir keine Polizisten, aber ich denke einige Schlussfolgerungen sind auch für uns Normalbürger interessant, denn eine Konfrontation mit einem Straftäter könnte sich ähnlich abspielen.

Die meisten Feuergefechte (ca. 90%) ereigneten sich mit einer Schussentfernung von unter 7 Metern, 80 % davon sogar bei etwa 3 Metern. Dies ist eine Distanz, bei der wir mit unserer Gaswaffe noch Wirkung erzielen können.

In den meisten Fällen war der Kampf mit 2-3 (wirkungsvollen) Schüssen beendet, nur in 6 % der Fälle musste nachgeladen werden. Die Gefechte dauerten meist nur wenige Sekunden, die meisten Kämpfe waren nach 20 Sekunden vorbei.

Besonders besorgniserregend ist, dass 20 % der getöteten Polizisten mit ihrer eigenen Dienstwaffe erschossen wurden. Die Ergebnisse dieser Untersuchung hatten wesentlichen Einfluss auf die moderne Schießausbildung bei der amerikanischen Polizei, daher sind sie immer noch sehr interessant.

Ziehen wir daraus das, was für unsere Selbstverteidigung wichtig sein kann. Wenn wir angegriffen werden, begibt sich der Täter in unsere unmittelbare Nähe. Er will uns schlagen, zu Boden reißen oder berauben. Wir werden Mühe haben, überhaupt eine Entfernung vom Täter zu erreichen, in der wir die Waffe ziehen und wirkungsvoll unser Gas verschießen können. Eventuell müssen wir zunächst eine Abwehr mit den bloßen Händen ausführen, bevor wir unsere Waffe ziehen können. Wenn der Täter eine Schusswaffe hat, sollten wir von vornherein auf den Einsatz unserer Waffe verzichten. Auf diese Entfernungen wird auch ein schlechter Schütze kaum vorbeischießen. Das Ziehen unserer Waffe kann nicht schnell genug erfolgen, um einem eventuellen Schuss des Angreifers, der ja die Waffe schon im Anschlag hat, zuvorzukommen. Also lassen Sie es sein, Sie sind nicht John Wayne, und es könnte scharf und tödlich geschossen werden. Über Angriffe mit Messern haben wir schon gesprochen.

Wenn wir selbst plötzlich mit Reizgas angegriffen werden, wie es bei Überfällen immer häufiger vorkommt, werden wir kaum eine Chance zur Verteidigung haben. Unser zur Verteidigung so beliebtes Gas wird natürlich auch mehr und mehr von Kriminellen als Angriffswaffe verwendet. Mit einer Gasmaske können wir ja nun wirklich nicht unterwegs sein. Die Wirkung des Gases wird uns in einem solchen Falle also unvermeidlich treffen. Kriminelle trainieren manchmal sogar, indem sie sich selbst mit Pfefferspray besprühen lassen. Sie härten sich so gegen diese Art Verteidigung ab – also auch auf solche Leute können wir treffen, wo unser beliebter Pfeffer kaum Wirkung zeigt!

Wenn wir gegen einen schlecht oder nicht bewaffneten Angreifer eine wirkungsvolle Gaswolke aufbauen können, stehen unsere Chancen zu entkommen recht gut. Denn das ***Entkommen*** muss unser Hauptziel sein, nicht die Festnahme oder gar Vernichtung eines Gegners. Dazu müssen wir schnell ziehen und die Schüsse in die richtige Richtung bringen.

Wenn unsere Waffe in diesem Moment versagt, werden wir keine Gelegenheit mehr zum Nachladen, Entsichern oder Magazinwechsel haben, da der Täter sofort angreifen wird. Dann können wir unsere Waffe immer noch als Schlagverstärker benutzen. Wir werden mit einem Magazin auskommen, da die Wirkung von einigen Patronen ausreicht, um zumindest einen Täter kurzzeitig kampfunfähig zu machen. Dazu muss die Waffe absolut funktionstüchtig sein.

Der Täter wird sich beim Anblick unserer Waffe (wenn er nicht kampfunfähig gemacht wird) darauf konzentrieren, uns diese Waffe wegzunehmen und sie selbst zu benutzen. Er darf sie also auf keinen Fall bekommen.

Eine längere Waffendrohung ist kaum sinnvoll, da der Täter Gelegenheit zum plötzlichen Angriff bekommt oder sich zumindest auf unsere Verteidigung mit der Waffe einstellen kann. Jeder weiß, dass der normale Bürger nur sehr selten eine scharfe Waffe zur Verteidigung dabei hat. Eine Drohung mit der Waffe sollte also nur, wenn überhaupt, aus sicherer Entfernung und einer Deckung heraus erfolgen. Das sollte dann auch noch professionell aussehen, damit der Täter Sie vielleicht für einen Polizisten oder anderen Profi hält und abhaut (oder im besten Falle aufgibt).

Je mehr Tätern mich angreifen, um so schlechter stehen meine Chancen, mich verteidigen zu können, zumal mit unseren doch sehr begrenzten Mitteln.

In den nächsten Kapiteln möchte ich Ihnen zeigen, wie Sie wirksame Verhaltensweisen trainieren können, um einen Angreifer mit Ihrer Gaswaffe wirkungsvoll zu bekämpfen. Ich betone nochmals, dass diese Möglichkeiten und Ihre Chancen ganz von der jeweiligen Situation abhängen. Ich kann Ihnen keine Patentrezepte geben und möchte auch keine trügerische Sicherheit vermitteln. Was in einem Fall richtig ist, kann bei anderen Umständen höchst gefährlich oder sogar tödlich sein. Die Entscheidung zum Einsatz der Gaswaffe kann Ihnen im Notfall niemand abnehmen.

Sicherheit im Umgang mit der Waffe kann und muss auch bedeuten, im Ernstfall auf ihren Einsatz zu verzichten.

Einige Ratschläge und Absätze werden Ihnen sehr brutal erscheinen, aber es geht hier um rein praktische Betrachtungen, die Sie bei einem Angriff auf Ihr Leben schützen sollen.

7.2 Training des schnellen Ziehens und Schießens

Im Verlauf einer Konfrontation muss irgendwann - vielleicht sofort, vielleicht erst später - die Entscheidung zum Einsatz der Gaswaffe erfolgen. Wenn geschossen werden muss, soll das für den Gegner plötzlich und unerwartet geschehen. Es macht keinen Sinn, mit einer Gaswaffe zu drohen. Dies ist oft Auslöser für eine Verschärfung des Konfliktes. Der Täter sollte bis zum Schuss das Vorhandensein unserer Waffe nicht einmal ahnen.

Wenn die Entscheidung feststeht, muss Ziehen und Schießen eins sein (und die darauf folgende Flucht). Es muss rechtzeitig entschieden werden, damit es nicht zu spät für einen wirkungsvollen Schuss ist. Also bevor der Täter Sie zu Boden reißt und mit Ihnen ringt. Bevor er Sie an die Wand gedrängt hat und Ihnen das Messer an die Kehle setzt.

Zunächst muss der Gegner in eine wirkungsvolle Schussentfernung gebracht werden. Das kann bedeuten, sich ihm behutsam zu nähern. Oft werden wir aber eine Umklammerung oder einen Griff an unserem Kragen sprengen müssen, um zwei bis drei Schritte vom Täter wegzukommen.

Die ideale Schussentfernung beträgt etwa zwei Meter von der Mündung der Waffe. Es treten keine schweren Verbrennungen durch den Feuerstoß der Waffe auf, und die Gaswolke hat den größten Durchmesser, um den Täter einzunebeln. Die Herstellung dieser Entfernung ist mit Sicherheit ein großes Problem im Stress einer Konfliktsituation, aber versuchen Sie sie zu erreichen. In der absoluten Notsituation müssen Sie natürlich auch aus geringeren Entfernungen schießen. Aufgesetzte Schüsse können zu schweren Verletzungen, sogar zum Tod des Angreifers führen.

Trainingsgrundsätze

Versuchen Sie schon beim Trockentraining, also dem Üben ohne Patronen, immer die ideale Schussentfernung von Ihrem Ziel von zwei Metern einzuhalten. Bei einem Training mit Knallpatronen sollte der Abstand zum Ziel mindestens drei Meter von der Mündung betragen, um Brandgefahr und Verletzungen zu vermeiden.

Sie werden am häufigsten „trocken" trainieren, um die Geräuschbelastung für sich selbst und Ihre Nachbarn erträglich zu halten und teure Munition zu sparen. Dabei ist eine gute Pflege der Waffe wichtig. Besonders im Inneren sollte an Hahn- und Abzugteilen mit einem Pinsel gut geölt werden, um Abnutzungen vorzubeugen.

Das Material, aus dem die Gehäuseteile unsere Gaswaffe bestehen - meist ein Zinkdruckguß - ist relativ weich. Gute Waffen haben an den stark beanspruchten Stellen Stahleinlagen. Auch die Stahlteile im Schloss sollten geschont werden. Gerade das Trockentraining beansprucht die Waffe stark, da bei der Konstruktion einkalkulierte Widerstände durch Patrone oder Zündhütchen fehlen. Schlagen Sie deshalb die Waffe so selten wie möglich „trocken" ab. Sie können sich auch selbst Pufferpatronen herstellen, indem Sie bei abgeschossenen Knallpatronenhülsen anstelle des Zündhütchens etwas Gummi (z.B. von einem Radiergummi) einkleben.

Lassen Sie bei Pistolen den Schlitten nicht leer zuschnellen, sondern führen Sie ihn mit der linken Hand zurück oder verwenden Sie eine leere Patronenhülse im Magazin. Die Trommel eines Revolvers sollte nicht mit einer Schleuderbewegung geschlossen, sondern normal zugeklappt werden. Schadhaft gewordene Teile können Sie beim Büchsenmacher bzw. über ein Waffengeschäft austauschen lassen. Besonders der Hahn einer Pistole verschleißt schnell, da er relativ weich ist. Bei stärkeren Verformungen ist daher manchmal keine sichere Zündung der Patronen mehr möglich. Zum Training können Sie auf den Hahn auch ein Stück Leder oder Gummi aufkleben.

Die sicherste (aber wohl auch teuerste) Lösung ist eine Trainingswaffe gleichen Modells, die Sie niemals führen, sondern ausschließlich für das Training einsetzen.

Sie sollten auch mit Munition üben, um die Zuverlässigkeit Ihrer Waffe und das perfekte Zusammenspiel mit der Munition zu testen. Wenn es zu häufigen Hülsenklemmern oder Auswurfstörungen kommt, müssen Sie Patronen eines anderen Herstellers ausprobieren. Laden Sie dann nur noch zuverlässige Munition.

Oft sind Zufuhrstörungen bei Pistolen von verbogenen Magazinlippen oder falsch dimensionierten Magazinfedern verursacht.

Bevor Sie mit dem Schießen beginnen, müssen Sie die Waffe auf Schussbereitschaft kontrollieren. Diesen Ablauf sollten Sie ebenso wie die eisernen Sicherheitsregeln trainieren und bei jedem Anlegen der Waffe strikt einhalten, damit Sie immer mit einer tatsächlich schussbereiten Waffe aus dem Haus gehen. In der Aufregung des Verteidigungsfalles ist schnell vergessen, die Waffe durchzuladen oder zu entsichern, oder ein nicht eingerastetes Magazin einzuschlagen. Deshalb meine dringende Empfehlung, die Waffe ständig schussbereit zu führen. Außer Ziehen und Abdrücken sollten vor dem Schuss keine weiteren Handlungen an der Waffe nötig sein.

Schussbereit-Kontrolle Revolver: Ist die Trommel geladen und lässt sie sich drehen?

Schussbereit-Kontrolle DA-Pistole: Ist das Magazin voll und richtig eingerastet? Ist die Waffe durchgeladen und eine Patrone im Lager? Ist der Hahn entspannt? Ist die Waffe entsichert?

Sehr wichtig: sichern Sie die Waffe vor dem Entspannen des Hahnes bzw. lassen Sie sie gesichert, um einen unbeabsichtigten Schuss zu vermeiden, und entsichern Sie anschließend wieder! Aus Kostengründen wird der bei modernen scharfen Waffen manchmal übliche Entspannhebel bei unseren Gaswaffen oft eingespart. Das Sichern vor dem Entspannen sollte Ihnen in Fleisch und Blut übergehen.

Kontrollieren Sie noch den Sitz der Waffe im Holster und den schnellen Zugriff darauf mit der Hand. Jetzt können Sie beruhigt aus dem Haus gehen.

Beim Training mit Munition wird bei Pistolen der erste Schuss in Double-Action (also mit größerem Abzugswiderstand), die nachfolgenden Schüsse in Single-Action abgegeben, da der zurückschnellende Schlitten den Hahn spannt. Darin liegt neben dem fehlenden „Rückstoß“ durch den Schlitten ein wesentlicher Unterschied zum Trockentraining. Revolver schießen wir im Verteidigungsfall grundsätzlich im DA-Modus.

Wenn Sie mit Knallpatronen trainieren, sollten Sie unbedingt einen Gehörschutz tragen. Besonders in kleinen Räumen kann es sonst zu irreparablen Gehörschäden kommen. Auch ein Augenschutz ist zu empfehlen.

Ein Wort zur sogenannten „Gunfighter-Zeit“. Das ist die Zeit, die von der Reaktion des Schützen bis zum Schuss vergeht. Ziel des Trainings sollte es sein, innerhalb von einer Sekunde die Waffe gezogen und den ersten Schuss abgegeben zu haben, wenn Sie als Rechtshänder ein Gürtelholster rechts unter dem offenen Jackett tragen. Bei einem Schulterholster links oder Cross-Draw sollten maximal zwei Sekunden bis zum Schuss vergehen.

In einem Ernstfall wird Ihre Reaktionszeit bis zum Ziehen schon durch den Schreck mindestens eine Sekunde betragen.

Gewöhnen Sie sich an, gleich mehrmals hintereinander zu schießen. Optimal wären drei Schuss schnell hintereinander, damit Sie eine genügend große Gaswolke aufbauen, aber gleichzeitig noch Reserven im Magazin haben. Bei den nur fünf- oder sechsschüssigen Revolvern oder kleinen Pistolen empfehle ich zwei Schuss hintereinander. Falls Sie vor den Gaspatronen eine verstärkte Blitzpatrone führen, dann schießen Sie einmal (Blitz), zurückweichen, dann zwei Schuss Gas. Denken Sie daran, in einem Revolver die Blitzpatrone an die richtige Stelle zu bringen, damit sie als erste gezündet wird (Drehrichtung der Trommel beachten).

Im scharfen Combattraining werden grundsätzlich Doubletten, also zwei Schuss sofort hintereinander, geschossen. Einzige Ausnahme: bei mehreren Gegnern wird zuerst jeder mit einem Schuss bedacht, dann der mit der gefährlichsten Waffe weiter bekämpft.

Sie sollten sich angewöhnen, beginnend mit dem ersten Schuss rückwärts zu gehen, um sich selbst von der Gaswolke und dem Täter zu entfernen. Besser noch, aber trainingsaufwändiger ist es, nach hinten und gleichzeitig seitlich auszuweichen, vorzugsweise nach links hinten, wenn der Angreifer Rechtshänder ist. Lernen Sie, sich taktisch zu bewegen. Versuchen Sie, ein Hindernis zwischen sich und den Angreifer zu bringen.

Im Ernstfall müssen Sie nach den ersten Schüssen entscheiden, ob das Gas genügend Wirkung erzielt, damit Sie flüchten können. Andernfalls ist sofort nachzuschießen.

Zusammenfassung:

1. Nur mit schussbereiter Waffe aus dem Haus gehen. (Pistolen durchgeladen, entspannt, entsichert)!
2. Finger erst zum Schuss an den Abzug!
3. Sofort zwei oder drei Schuss nacheinander!
4. Beim Schießen möglichst (taktisch) rückwärts und seitwärts gehen!

Die Abläufe der nachfolgenden Übungen sollten Sie zunächst in Zeitlupe trainieren. Achten Sie dabei auf die exakte Ausführung der Übung und machen Sie sich jede Bewegung Ihrer Hände und Ihres Körpers bewusst.

Wenn Sie die Übung in der Zeitlupe fehlerlos beherrschen, steigern Sie langsam die Geschwindigkeit der Ausführung. Achten Sie weiterhin auf den exakten

Ablauf. Auch wenn Sie eine hohe Geschwindigkeit erreicht haben, sollten Sie zur Vermeidung von Flüchtigkeiten immer wieder einmal eine bewusste, langsame Übungsrunde einlegen. Wie bereits berichtet, benötigen Sie 2000 bis 3000 perfekte Wiederholungen, um reflexartig „aus dem Muskelgedächntis" reagieren zu können.

Die „Zieh-Feuer"-Übung

Wenn Sie die Waffe durchgeladen und entsichert haben, werden Sie sie mit größerem Respekt vor ihrer Gefährlichkeit behandeln. Zudem, wenn Sie einmal die Wirkung eines Schusses getestet und erfahren haben, dass ein Schreckschuss mehr ist als nur ein harmloser Knall. Trainieren Sie auch mit geladener und entsicherter Waffe, ohne einen Schuss abzufeuern. Der Vorgang des Ziehens und Schießens sollte zwar automatisiert werden, Sie sollten aber noch vor dem Schuss die Entscheidung fällen können, ob Sie den Abzug nun durchziehen oder nicht.

Dafür eignet sich eine Übung mit einem Partner, der hinter Ihnen steht und Kommandos gibt. Auf das Kommando „Zieh!" ziehen Sie und richten die Waffe auf das Ziel. Beim Kommando „Schieß!" oder „Feuer!" ziehen Sie den Abzug durch - bei „Nein!" oder „Stopp!" brechen Sie ab. Der Finger darf erst an den Abzug, wenn die Waffe auf das Ziel zeigt!

Die Kommandos sollten fast unmittelbar hintereinander erfolgen, da in diesem Zeitraum auch im Ernstfall Ihre Entscheidung fallen muss. Dies ist das Training für eine letzte Notbremse vor dem Schuss. Sie können diese Kommandos auch in zufälliger Reihenfolge auf ein Tonband oder Ihr Handy aufsprechen und abspielen, wenn Sie keinen Übungspartner haben.

Als Ziel eignet sich z.B. gut eine alte Jacke, die in der richtigen Höhe in idealer Schussentfernung auf einem Bügel hängt.

Das Schießen „auf sich selbst" vor einem Spiegel ist geeignet, die Hemmschwelle vor dem Schuss auf einen Menschen - die wohl jeder normale Bürger hat - etwas herabzusetzen. Denn im Notfall kann uns diese Hemmschwelle das Leben kosten.

Üben Sie zuerst das Ziehen und Schießen in Idealentfernung vor dem Ziel stehend. Die Mündung Ihrer Waffe sollte beim Schuss auf die obere Brustmitte oder etwas darüber gerichtet sein. Genauer müssen Sie nicht zielen, denn wir wollen nur eine Gaswolke mit einem Durchmesser bis zu einem Meter in die Nähe des Gesichtes eines Täters bringen. Wir wollen keine zwölf Ringe auf einer Scheibe schießen. Es ist daher bei der Gaswaffe auch ziemlich egal, ob Sie den Abzug durchreißen oder mit der Waffe wackeln. Im Ernstfall wird Ihre Hand sowieso zittern. Also vergessen Sie getrost Kimme und Korn. Die grobe Richtung genügt und spart Zeit. Trainieren Sie mit den unten beschriebenen Deutschuss-Haltungen.

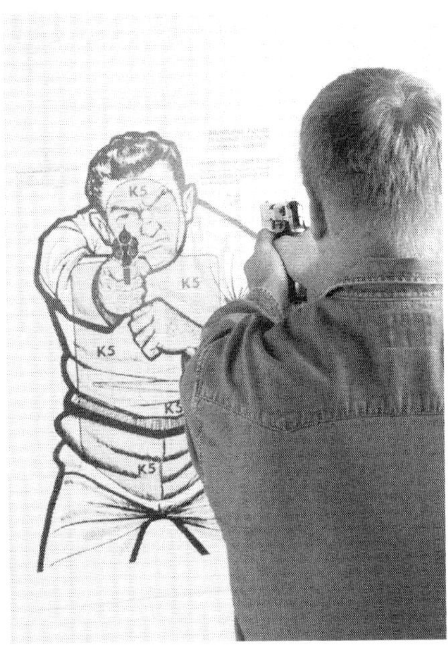

Die Schießscheibe des New-York-Police-Departements hat sich im Combattraining bewährt. Von der Figur auf der Scheibe scheint eine tatsächliche Bedrohung auszugehen.

Wichtig ist, dass Sie Ihre Waffe fest umfassen, damit sie Ihnen nicht aus der Hand geschlagen wird oder beim Zurückschnellen des Schlittens herunterfällt.

Üben Sie diese Situation mit den „Zieh-Feuer"-Kommandos so lange, bis Sie sich der Gunfighter-Zeit von einer Sekunde nähern.

Übungsablauf:

1. Vor dem Ziel Aufstellung nehmen
2. Beim Kommando „Zieh!" die Waffe in Anschlag bringen. (Der Abzugsfinger bleibt noch gestreckt am Rahmen!)
3. Beim Kommando „Stopp!" Waffe zuerst etwas senken und dann wegstecken.
4. Beim Kommando „Feuer!" Abzug zwei- bis dreimal durchziehen, dabei (seitlich) rückwärts gehen.

Eine zweite Übung soll den Schuss nach einer Umklammerung trainieren. Hängen Sie die Jacke an einen Schrank oder eine Wand und stellen Sie sich dicht davor. Stoßen Sie sich nun mit aller Gewalt von der Jacke ab und weichen Sie zurück auf ideale Schussentfernung. Gleichzeitig ziehen Sie die Waffe, bringen sie in Anschlag und drücken ab, indem Sie weiter zurückgehen. Bringen Sie vor dem Abdrücken die Mündung immer in Richtung Brustmitte des vermeintlichen Gegners oder etwas darüber. Der Angreifer wird sich in einer echten Konfrontation natürlich auch bewegen.

Trainieren Sie beide Übungen mit den nachfolgend erläuterten Schießhaltungen, die die meisten Anwendungsfälle abdecken. Wenn Sie diese sicher beherrschen, sind Ihrer Phantasie keine Grenzen gesetzt, aus anderen Positionen heraus das Schießen zu üben. Aus dem Sitzen, dem Knien oder Liegen, seitwärts links oder rechts gerichtet. Beachten Sie immer, dass der Schuss erst fallen darf, wenn Ihre Waffe sicher auf das Ziel gerichtet ist und Sie sich nicht selbst verletzen können.

Aus Sicherheitsgründen sollten Sie nie den direkten Waffeneinsatz mit einem Partner als Gegner üben. Mit Schreckschussmunition schon gar nicht. Auch in einer vermeintlich ungeladenen Waffe kann im Eifer des Trainings noch eine Patrone stecken, und Sie verletzen Ihren Partner. Solche Übungen sollten Sie höchstens mit einer Wasser- oder Zündplättchenpistole oder einer ungefährlichen Waffenattrappe durchführen. Eine weitere Möglichkeit bieten Softairwaffen, hier sind aber unbedingt Sicherheitsregeln einzuhalten, um ernste Verletzungen zu vermeiden.

Bill-Jordan-Hüftschuss

Der Bill-Jordan-Hüftschuss ist der schnellstmögliche Verteidigungsschuss. Er ist besonders für geringe Entfernungen geeignet, da die Waffe nicht aus der Hand geschlagen werden kann. Es ist der schnelle Schuss, den der Revolverheld im Western beim Duell in der glühenden Mittagshitze anwendet.

Die Waffe wird aus dem Holster gezogen und bleibt dicht neben der Hüfte. Dabei wird die Waffe auf den Gegner gerichtet und geschossen. Für unsere Gaswaffe gilt es zu beachten, dass der Lauf etwas aufwärts - in Richtung Kopf des Gegners - zeigen muss. Durch die Aufwärtsrichtung haben wir bereits einen knappen Meter Abstand zum Kopf des Gegners.

Bei echten Combatschützen wird dieser Schuss bis zu einer Entfernung von ca. 3 Metern angewandt. Die bei der amerikanischen Polizei lange praktizierte Übung dieses Schusses bis 6 Meter Entfernung wurde aufgegeben, da auf der Straße zu wenig damit getroffen wurde. Beim scharfen Combatschuss wird die Waffe auch nicht nach oben, sondern annähernd waagerecht ausgerichtet. Es wird so bald wie möglich zum zweihändigen Deutschuss übergegangen.

Ein- und Zweihändiger Deutschuss - Instinktives Schießen

In der Combatausbildung der amerikanischen Polizei wird bis zu einer Entfernung von etwa 10 Metern manchmal nicht mehr über Kimme und Korn gezielt, sondern nur noch instinktiv geschossen. Grund dafür ist der Zeitgewinn und das häufig notwendige Schießen bei Nacht oder Dämmerung, wenn die Visierung nicht mehr erkennbar ist. Dieses instinktive Schießen - oder auch Deut-

Der Bill-Jordan-Hüftschuss von vorn und von der Seite. Die Waffe bleibt dicht neben dem Körper, muss aber für unsere Gaswaffe nach oben gerichtet werden.

schießen genannt – nutzt das schon erwähnte „Muskelgedächtnis" und ist bis zur genannten Entfernung halbwegs treffsicher und schnell, wenn es genügend trainiert wird. Ich schränke dies etwas ein, da es immer mehr Ausbilder gibt, die grundsätzlich ein gezieltes Schießen mit blitzartiger Visieraufnahme lehren. Dieses gezielte Schießen ist bei entsprechender Ausbildung und Übung nicht langsamer, aber wesentlich treffsicherer. Für unsere Zwecke als Gaswaffenschütze genügt aber der Deutschuss.

Beim Deutschuss wird die Waffe nach dem Ziehen nur etwa bis Kinnhöhe gehoben. Beide Augen bleiben dabei geöffnet und konzentrieren sich auf das Ziel. Die Waffe zeigt nun automatisch in die richtige Richtung, so wie wir mit dem Zeigefinger instinktiv auf einen Gegenstand zeigen können. Durch ständiges Training wird so eine hohe Treffgenauigkeit erreicht.

Die Waffe wird einhändig (beim scharfen Schuss bis maximal 7 Meter) oder beidhändig gehalten. Beim einhändigen Schießen ist eine Zielkorrektur nur mit der Schusshand möglich, beim beidhändigen Schießen wird dabei der Körper gedreht.

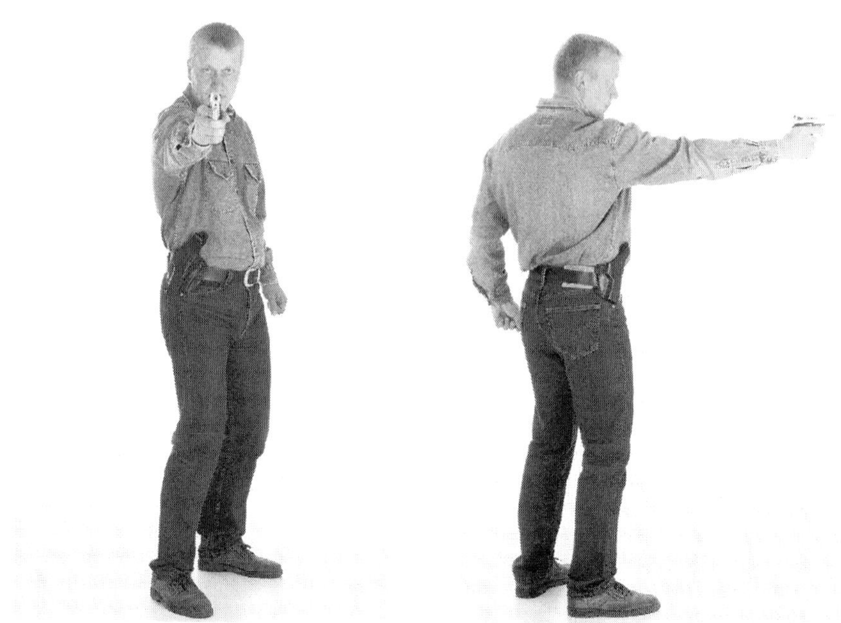

Einhändiger Deutschuss von vorn und von der Seite.

Der zweihändige Deutschuss läuft wie folgt ab: Das Ziel wird mit beiden Augen erfasst. Die Waffe wird gezogen und bis Kinnhöhe angehoben, beim Anheben wird die rechte Hand mit der Waffe in die linke Hand gestoßen. Dabei die Augen auf das Ziel gerichtet lassen! Wenn der Lauf instinktiv auf das Ziel zeigt, wird ohne Zögern der Abzug durchgezogen.

Das Körpergewicht sollte immer gleichmäßig auf beide Beine verteilt werden, um einen sicheren Stand zu haben. Die Combathaltung mit leichter Hocke und eingezogenem Kopf verkleinert für den Gegner das Ziel und entspricht der natürlichen Haltung eines Menschen, dem die Kugeln um die Ohren pfeifen.

Das wesentliche Problem beim Deutschießen ist die tatsächliche Konzentration des Blickes auf den Zielpunkt. Dieser sollte zwischen Kopf und Brust des Gegners liegen, damit die Gaswolke wirkt. Bei schlechtem Wetter und Regen muss höher gehalten werden, da die Gaswolke nach unten gedrückt wird.

Trainieren Sie nun den Deutschuss auf das vor Ihnen stehende Ziel. Echte Combatschützen geben hier sechs Schüsse innerhalb von 3 bis 4 Sekunden ab und erreichen einen Trefferkreis von 10-20 cm auf der Scheibe.

Dies können Sie, wie im folgenden Kapitel beschrieben, sehr gut mit Softair-, Druckluft- oder CO2-Waffen trainieren, wenn Sie daran Spaß haben.

Der zweihändige Deutschuss von vorn. Die Waffe wird nur bis Kinnhöhe angehoben, beide Augen sind fest auf das Ziel gerichtet. Sie sollten etwas in die Knie gehen, um einen sicheren Stand zu haben und dem Gegner eine kleinere Angriffsfläche zu bieten.

Mit unserer Gaswaffe müssen wir wegen der relativ großen Wolke nicht so genau treffen. Deshalb achten Sie beim Üben mehr auf einen exakten und sicheren Ablauf des Trainings. Im Ernstfall müssen Sie das Ziehen und Schießen wie im Schlaf beherrschen, um schnell eine wirkungsvolle Gaswolke gegen den Gegner schleudern zu können.

Da ein Angriff aus allen Richtungen und zu jeder Zeit erfolgen kann, sollten Sie das Schießen in verschiedene Richtungen und aus verschiedenen Körperhaltungen heraus trainieren. Variieren Sie die Entfernungen zum Ziel, um die Herstellung der idealen Schussentfernung zu üben.

Sie können zur Vervollkommnung Ihrer Fähigkeiten ein Training des schnellen Magazinwechsels durchführen, falls Sie ein zweites Magazin für Ihre Pistole mitführen möchten. Wie bereits erwähnt, wird es meist nicht zum Einsatz kommen. Denkbar ist es, ein Magazin in der Waffe mit Gas- oder Pfefferpatronen und ein Zusatzmagazin mit Knallpatronen zu führen. Falls Ihnen im Verteidigungsfall genügend Zeit bleibt, können Sie das Magazin nach Bedarf austauschen und die erste Patrone (die Sie bei durchgeladener, entspannter und entsicherter Führung der Waffe bereits im Lager haben) durch einmaliges Durchladen auswerfen und gleichzeitig die neue Patronensorte zuführen. Stellen Sie sich vor Ihr Ziel und richten Sie die Waffe mit leerem Magazin darauf. Wenn Sie nun den Schlitten zurückziehen, wird dieser bei den meisten Waffen in der hinteren Stellung blockiert. Drücken Sie nun den Magazinknopf. Das Magazin fällt aus der Waffe (im Training sollte es weich fallen, damit es nicht beschädigt wird). Gleichzeitig nehmen Sie das neue Magazin (das Sie zur Schonung der Waffe mit einer leeren Patronenhülse geladen haben) aus der Tasche, führen es in die Waffe ein und machen eine Durchladebewegung, um die neue Patrone einzuführen. Ihre Waffe ist nun wieder schussbereit. Sie sehen, dass Ihr Magazinknopf dafür einhändig gut erreichbar sein muss! Das Lösen des Schlittenfanghebels führt manchmal keine Patrone zu, daher ist das Durchladen sicherer, aber nicht langsamer. Leider funktioniert es nicht mit allen Waffen, dann müssen Sie doch den Schlittenfanghebel benutzen.

Die ideale Position der Magazintasche müssen Sie für sich ausprobieren. Ich selbst habe die besten Erfahrungen gemacht, wenn ich (als Rechtshänder) bei rechts geführter Waffe die Magazintasche links hatte. Bei Cross-draw-Führung der Waffe könnte wegen der besseren Erreichbarkeit ohne Behinderung durch das leere Holster auch eine Cross-draw-Führung des Magazins günstiger sein. Testen Sie, wie Sie Ihr Zusatzmagazin am besten erreichen! Ein Magazinwechsel sollte nicht mehr als 1 bis 2 Sekunden dauern.

Beim Durchladen von Pistolen wird übrigens immer von oben mit der Hand über den Schlitten gegriffen, so dass dieser zwischen Handfläche und vier Fingern klemmt. Das Durchladen mit Daumen und Zeigefinger machen nur Amateure oder Sportschützen, wir haben für solche Verrenkungen keine Zeit. Bei kleinen Taschenpistolen ist allerdings manchmal nicht viel Platz, hier greifen eher Daumen und Zeigefinger von oben zu.

Auch das Beseitigen von Waffenstörungen sollte in Ihr Übungsprogramm gehören. Gerade Knall- und Gaspatronen verursachen öfter Störungen in unseren Schreckschusswaffen. Deshalb hier die wichtigsten Störungsbeseitigungen für Pistolen in Kürze.

Die Diagnose muss schnell gehen. Wir heben die Waffe leicht an, damit wir auf den Patronenauswurf schauen können. ***Ist er geschlossen – Störung 1. Klemmt darin eine Hülse – Störung 2. Ist er offen und „Messingsalat“ zu sehen – Störung 3.***

Störung 1 – Zündungsversagen

Statt „Peng!“ macht es nur „Klick!“. Entweder ist keine Patrone im Lager, ohne die geladene Patrone zündet nicht, oder das Magazin ist nicht richtig drin. Abhilfe: kräftiger Schlag auf den Magazinboden, dann einmaliges Durchladen (damit wird eine beschädigte Patrone ausgeworfen und eine neue Patrone zugeführt). Anzustrebende Ausführungszeit: 1-2 Sekunden.

Störung 2 – Auswurfstörung

Das sogenannte „Ofenrohr“, eine Hülse steckt noch im Auswurffenster, der Schlitten ist nicht geschlossen, der Abzug funktioniert nicht mehr. Abhilfe: wie bei 1.

Störung 3 – Zuführstörung

Die abgeschossene Hülse wurde nicht ausgeworfen, die neu zugeführte Patrone klemmt dahinter, der Schlitten ist offen und man sieht von oben den „Messingsalat“, der Abzug funktioniert nicht. Abhilfe: Schlitten nach hinten ziehen und mit dem Fanghebel festsetzen. Magazin am Boden kräftig (!) herausziehen. Waffe zwei- bis dreimal leer durchladen, dabei etwas zur Seite kippen, um jede Hülse sicher zu entfernen. Neues Magazin einsetzen. Pistole durchladen. Anzustrebende Ausführungszeit: 3-5 Sekunden (!!). Abhilfe in einer dringenden Verteidigungssituation: die Waffe als Schlaginstrument nutzen (das ist ernst gemeint!).

Sie sehen an Störung 3, wie wichtig ein Ersatzmagazin sein kann, da diese Störung oft von verbogenen Magazinlippen verursacht wird. Sie sehen auch, dass die Beseitigung dieser Störung recht viel Zeit beansprucht, in der Sie leicht vom Gegner angegriffen werden können. Bei Störung 3 sollten Sie also sofort einen „Plan B“ haben (z.B. Waffe dem Gegner ins Gesicht werfen und fliehen, oder sofortiger Angriff mit Schlagen o.ä. Sagte ich schon, Sie sollten einen Verteidigungskursus besuchen?). Wenn Sie nach Störungsbeseitigung 1 oder 2 immer noch nicht schießen können, ist wahrscheinlich der Schlagbolzen gebrochen. Es greift Plan B.

Da die Störungsbeseitigung bei den Störungen 1 und 2 gleich ist, wird heute oft zur Zeitersparnis auf die vorhergehende Diagnose verzichtet. D.h. es gibt nur noch zwei Beseitigungroutienen:

Störung: „Klick“ statt „Peng“: Abhilfe: kräftiger Schlag auf den Magazinboden, dann einmaliges Durchladen. Falls danach kein Schuss bricht: sofort Plan B wie oben ausgeführt, oder wie Störung 3 behandeln. Diese vereinfachte Routine ist für den Ernstfall vorzuziehen, die Diagnose ist jedoch auf dem Schießstand hilfreich, um die Ursache für die Störung zu erkennen.

Jede Störung an einem Revolver, z.B. eine klemmende Trommel durch ausblasende Zündhütchen, führt immer und sofort zu Plan B.

Einige Anregungen für Ihr Übungsprogramm

- Bill-Jordan-Hüftschuss auf Ziel direkt voraus
- einhändiger Deutschuss auf Ziel direkt voraus
- zweihändiger Deutschuss auf Ziel direkt voraus
- Hüftschuss mit vorheriger Befreiung aus Umklammerung (Abstoßen vom Ziel)

- einhändiger Deutschuss auf Ziel links und rechts
- nach Bedarf ein- oder zweihändiger Deutschuss knieend, hockend, liegend nach voraus, links und rechts
- Hüft- und Deutschuss auf Ziel hinter Ihnen mit schneller Körperdrehung
- schneller Magazinwechsel bei leerem Magazin (bzw. schnelles Nachladen der Trommel bei Revolvern, eventuell mit Speedloadern)
- schneller Magazinwechsel bei vollem Magazin zum Munitionswechsel
- Training der drei Störungsbeseitigungen
- Übergang zu anderen Verteidigungsmitteln bei defekter Waffe

Wenn Sie möchten, können Sie auch den Magazinwechsel und die Störungsbeseitigungen bei verschiedenen Körperhaltungen oder sogar einhändig trainieren. Dann stellen Sie sich vor, dass ihre „starke" Hand (rechts bei Rechtshändern) verletzt ist, und Sie all das nur mit ihrer schwachen Hand ausführen müssen! Sie sehen, ein umfangreiches Programm, das Sie nach Ihren Wünschen gestalten oder ergänzen können!

7.3 Trainingsmöglichkeiten mit CO2- und Air-Soft-Waffen

In den letzten Jahren sind einige interessante Druckluft- und CO2-Waffen entwickelt worden, die sich neben dem Schießen als Sport gut für das Training des Verteidigungsschießens eignen. Diese Waffen ähneln in Gewicht, Abmaßen und Handling exakt den scharfen Vorbildern und den entsprechenden Gaswaffen. Sie können mit der CO2-Waffe zu Hause trainieren und die Gaswaffe zum Selbstschutz führen. Auch die Airsoftwaffen haben ihr Spielzeug-Plastik-Image abgelegt. Sie erhalten heute von vielen Waffen exakte Metallkopien der scharfen Waffen, die sich hervorragend zum Training eignen. Viele verfügen über einen „Blow-Back-Effekt", bei dem der zurückschnellende Pistolenschlitten einen merkbaren Rückstoß simuliert.

Allerdings wurden bisher wenige kleine Verteidigungswaffen, sondern meist Combatwaffen für die Luftdruck- und Airsoftmodelle zum Vorbild genommen.

Sie denken doch noch daran, dass Sie Druckluftwaffen nur mit Waffenschein in der Öffentlichkeit führen dürften (diesen aber nicht erhalten werden). Solche Waffen sind „Anscheinswaffen" und dürfen in der Öffentlichkeit nicht geführt werden!

Da diese Waffen mit gezogenen Läufen sehr exakt sind, werden auch Schießwettbewerbe damit ausgetragen. Zudem können sie mit Laufverlängerungen und

Leuchtpunktvisierungen aufgerüstet werden, was ihre Präzision noch erhöht. Verschossen werden zumeist 4,5mm-Diabolos oder Rundkugeln. Geschosse aus frei erhältlichen Druckluftwaffen können die gesetzlich festgelegte Maximalgeschwindigkeit von bis zu 170 m/s erreichen, präzise bis etwa 15 Meter. Die Kopien scharfer Waffen erreichen meist zwischen 90 und 120 m/s und sind besonders für Entfernungen zwischen 5 und 7 Metern geeignet. Für stärkere Druckluftwaffen benötigen Sie eine Waffenbesitzkarte.

Vielleicht entdecken Sie mit diesen Waffen ja ein neues Hobby. Allerdings sind sie nicht ganz billig.

In der amerikanischen Combatausbildung der Polizei werden mit CO2-Waffen Farbkugeln verschossen, um echte Gegner zu simulieren und den Polizisten das Deckung nehmen beizubringen. Ähnliche Duelle mit Farbkugeln werden von einer wachsenden Zahl von Sportlern als „Paintball" im Gelände mit speziellen Waffen ausgeübt. Dabei ist Sicherheit natürlich oberstes Gebot, es werden Handschuhe, Gesichtsschutz und feste Kleidung getragen. Allerdings sind die Paintballwaffen wegen ihrer Bauweise mit Tanks und Kugelbehältern für uns nicht geeignet. Die Trainingswaffen der Polizei (sogenannte FX-Waffen) sind nur für Behörden erhältlich. Selbst im ernsthaften Training führender Schießschulen der USA hat sich die Anwendung von Airsoftwaffen (oder auch Softairwaffen) durchgesetzt. Es wird ein realistisches Mann-gegen-Mann-Training („force-on-force", kurz auch FOF genannt) durchgeführt. Dabei werden voller Gesichtsschutz (Maske) und Handschuhe getragen. Die verwendeten Plastikkugeln ergeben keine ernsten Verletzung und lassen Treffer dennoch sehr deutlich merken. Die Soft-Air-Waffen haben etwa die halbe Geschossgeschwindigkeit der CO2-Waffen (ca. 60 m/s) und sind somit selbst für das Zimmertraining geeignet. Es werden meist 6 mm (selten auch 8 mm) Rundkugeln aus Plastik verschossen.

Die Softair Glock 19 (unten) ist kaum vom scharfen Modell (oben) zu unterscheiden. Von der Firma KWA mit Blowback in 6 mm BB.

Ein sehr hochwertiger Nachbau der Polizeipistole. Die CP 88 von Walther im Kaliber 4,5 mm Diabolo. Es werden 8 Schuss in einer kleinen Trommel untergebracht. Abb. SSW

Ebenfalls ein sehr guter Nachbau einer deutschen Polizeipistole. Die RWS C 225 fasst ebenfalls 8 Diabolos 4,5 mm.
Abb. SSW

Ein hervorragender Nachbau der neuen Pistole der US Marines, die COLT M45 CQBP (Close Quarter Battle Pistol), mit kräftigem Blowback und CO2-Antrieb im Kaliber 4,5 mm BB (Stahlrundkugel).

Wer mit einem Revolver trainieren will, kann auch mit einem anderen System sehr realitätsnah üben. Die Firma ME hat Druckluftpatronen auf den Markt gebracht, die dem Kaliber .38 ähneln. Diese werden mit Luft aufgepumpt und mit Diabolos vorgeladen. In den entsprechenden Waffen verschossen, werden hohe Geschossgeschwindigkeiten (bis 170 m/s) erreicht. Die Handhabung und das Laden der Patronen lässt echtes Großkalibergefühl aufkommen. Leider ist das Aufpumpen der Patronen per Hand mühsam, es gibt aber auch eine Ladestation für den Anschluss an eine Druckluftflasche. Die Patronen und die Pumpe sind relativ teuer, aber wer Spaß an diesem realitätsnahen Umgang mit Waffe und Patronen hat, kommt voll auf seine Kosten. Es sind auch Pistolen mit demselben System auf dem Markt, allerdings muss der Schlitten nach jedem Schuss per Hand zurückgezogen werden. Sie können auch Umbauten einiger scharfer Waffen auf dieses Druckluftsystem erhalten (z.B. Colt Government, Beretta 92 F, CZ 75).

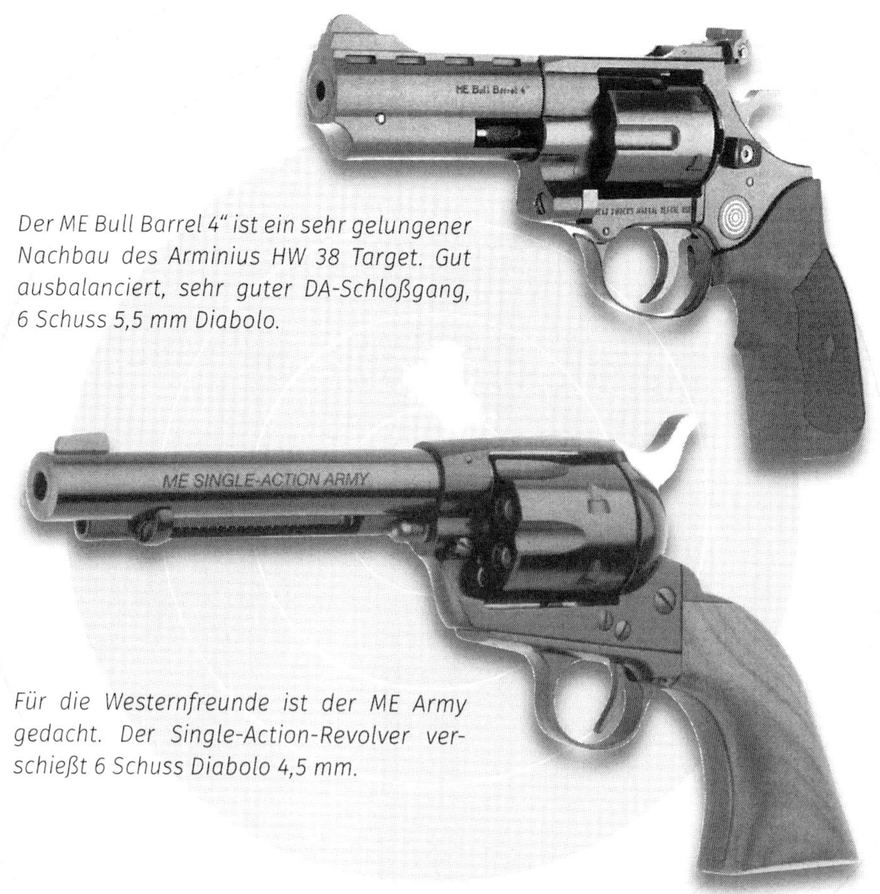

Der ME Bull Barrel 4" ist ein sehr gelungener Nachbau des Arminius HW 38 Target. Gut ausbalanciert, sehr guter DA-Schloßgang, 6 Schuss 5,5 mm Diabolo.

Für die Westernfreunde ist der ME Army gedacht. Der Single-Action-Revolver verschießt 6 Schuss Diabolo 4,5 mm.

Nicht ganz so kräftig sind CO2-Revolver, die auch mit Ladehülsen arbeiten. Es entfällt das mühsame Aufpumpen der Patronen, aber das realitätsnahe Handling mit den Patronen bleibt bestehen. Die Firma UMAREX hat hier einige sehr interessante Waffen mit diesem System auf den Markt gebracht. Es gibt diese Waffen sowohl als Softair- als auch als Stahl-BB-Ausführung, einige auch mit Diabolos. Es gibt auch spannende Pistolen mit CO2-Antrieb.

Gerade beim Training mit den CO2- und Druckluftwaffen (damit niemals auf andere Menschen!) ist auf die Sicherheit zu achten. Die strikte Einhaltung der Sicherheitsregeln ist ein MUSS, da die Geschosse eine relativ hohe Energie erhalten.

Besonders Augen- und Gesichtsschutz sind wichtig, damit eventuelle Abpraller nicht zu Verletzungen führen. Tragen Sie feste Kleidung und eine Schießbrille. Der Abstand zum Ziel sollte mindestens 5 Meter betragen.

Ein Nachbau des berühmten COLT Python mit CO2-Antrieb im Griffstück, Speedloader und Ladehülsen, Kaliber 4,5 mm BB.

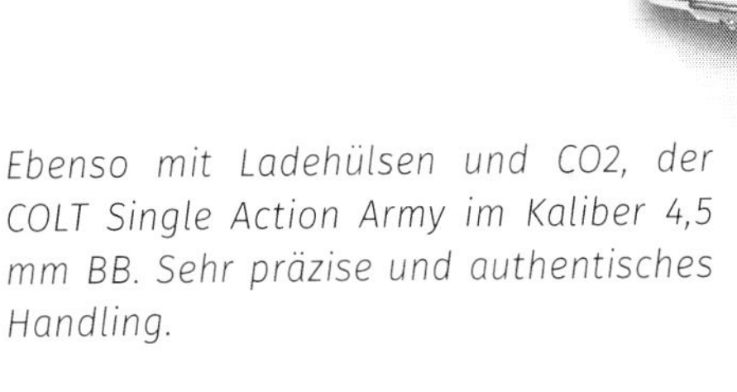

Ebenso mit Ladehülsen und CO2, der COLT Single Action Army im Kaliber 4,5 mm BB. Sehr präzise und authentisches Handling.

Als Ziel eignen sich die NYPD-(New-York-Police-Department)-Schießscheiben, die auch beim echten Combattraining der amerikanischen Polizei Verwendung finden. Die lebensgroße Darstellung des schießenden Verbrechers erhalten Sie im Fachhandel oder bei entsprechenden Versandfirmen. Auf Schießständen dürfen Sie auf solche „Mannscheiben" aber nur als Waffenscheininhaber schießen, in Ihrem Keller dürfen Sie tun und lassen, was Sie wollen. Sie können sich auch Kugelfänge selbst bauen und kopierte Zielscheiben benutzen.

Sie sollten darauf achten, die Schießscheibe auf einem relativ weichen Untergrund zu befestigen, damit Abpraller und Querschläger ausgeschlossen werden. Es eignet sich eine Polystyrolplatte, die hinten mit einer Spanplatte versehen ist. Die Diabolos dringen in das Polystyrol ein und werden von der Spanplatte gestoppt, ohne wieder zurückschlagen zu können. Wechseln Sie die Polystyrolplatte öfters aus. Zur Sicherheit können Sie dahinter noch eine Decke aufhängen, die Fehlschüsse auffängt. Simpelstes Beispiel wäre ein mit Lumpen ausgestopfter Bananenkarton, auf den Sie ein DIN-A4-Blatt pinnen.

Im Training schießen Sie die vorher beschriebenen Übungen auf die NYPD-Schießscheibe. Achten Sie dabei auf Ihren Gesichtsschutz und den Mindestabstand von 5 Metern. Variieren Sie den Abstand und schießen Sie aus verschiedenen Positionen. Im Polizeitraining zählen Körpertreffer 5 Punkte, Brusttreffer 10 und Kopftreffer 20 Punkte, Streifschüsse in den schwarzen Körperkonturen sind ungültig. Im Combattraining wird ab 10 Meter Entfernung gezielt im Weaver-oder Isoscales-Stance geschossen. Wenn Sie Spaß daran haben, können Sie diese Schießhaltung auch für das gezielte Schießen auf Scheiben üben. Die Waffe ist sicher fixiert, und es werden gute Trefferergebnisse erzielt.

Im Weaver-Stance ist der rechte Arm mit der Waffe fast gestreckt, der linke leicht angewinkelt. Dabei wird die Waffe mit rechts nach vorn gedrückt, mit der linken Hand wird ein Gegendruck nach hinten ausgeübt. Dadurch ist genaues Zielen und Treffen möglich. Es ist auch die Variante mit beiden gestreckten Armen möglich (sogenannte „Isoscales"-Haltung), die inzwischen den Weaverstance im realen Training vollständig abgelöst hat. Wenn Kimme und Korn im Ziel sind, wird der Blick blitzartig auf das Korn fokussiert und abgezogen.

Da wir mit unserer Gaswaffe nicht gezielt schießen müssen, soll dieser kleine Ausflug in die Welt des Combatschießens ausreichen. Näheres finden Sie in der hinten angeführten Literatur.

Nochmals sei auf das Waffenrecht verwiesen: Sie dürfen diese Waffen nicht in der Öffentlichkeit führen, und beim Schießen dürfen Geschosse das eigene befriedete Grundstück nicht verlassen können. Daher bleiben fast nur geschlossene Räume (Garage, Schuppen, Scheunen) als Trainingsorte übrig, es sei denn, Sie sind Großgrundbesitzer.

Einige Anmerkungen zu den sogenannten RAM-Waffen („Real-Action-Marker"). Diese werden ebenfalls mit CO2 angetrieben und verschießen Gummi-,

Ablauf des Weaver-Stance: Der Schütze zieht die Waffe, dabei bleibt der Finger weg vom Abzug! Der linke Fuß wird leicht nach vorn gesetzt, der linke Arm geht nach oben.

Die rechte Hand mit der Waffe wird in die linke gestoßen und bis Augenhöhe gehoben. Erst jetzt geht der Finger an den Abzug. Der rechte Arm ist fast gestreckt, der linke gibt den Gegendruck. Die Waffe ist so sicher fixiert. Bei der Variante mit beiden gestreckten Armen (Isocales) gibt der linke Arm ebenfalls einen Gegendruck nach hinten.

Farb- oder Pfefferstaubkugeln. Die in Deutschland maximal zulässige Energie von 7,5 Joule darf auch bei diesen Waffen nicht überschritten werden. Oft werden diese Waffen besonders für die „Heimverteidigung" beworben. Meine persönliche Meinung ist, dass diese Waffen für ein realitätsnahes Training sehr gut geeignet sind (z.B die neue Walther PPQ M2 T4E RAM), aber nicht für die Selbst- oder Heimverteidigung taugen, da sie in der deutschen Version zu schwach sind. Die Wirkung auf einen Gegner ist zu gering. Zudem sind sie relativ teuer. Daher sollen sie hier nur der Vollständigkeit halber genannt werden. Ebenfalls genannt werden sollen sogenannte Trauma-Waffen, die im Ausland legal sind. Hier werden mit Knallpatronen Gummikugeln zur Selbstverteidigung verschossen. Da solcherart Waffen in Deutschland aber nicht zugelassen sind, da sie die bei uns erlaubten 7,5 Joule weit überschreiten, wollen wir uns an dieser Stelle nicht mit ihnen befassen.

8. Psychologische Aspekte der Selbstverteidigung

Keine Angst - ich möchte das Thema der Psychologie in der Selbstverteidigung nur streifen. Umfassendere Darstellungen erhalten Sie in der genannten weiterführenden Literatur.

Es gibt jedoch einige psychologische Besonderheiten während einer Selbstverteidigungshandlung, die Sie im Vorfeld kennenlernen sollten. Sie werden dann in oder nach einer konkreten Situation nicht von Ihrer eigenen Reaktion überrascht. Natürlich treffen diese Reaktionen nicht auf jeden Menschen zu und sind je nach Typ unterschiedlich ausgeprägt. Auch die Art eines Überfalles und der Grad der persönlichen Gefährdung, der von ihm ausgeht, tragen maßgeblich zur Stärke unserer Reaktion bei.

Die meisten von uns werden ihre Waffe eher selten tragen, da wir keiner ständigen Bedrohung ausgesetzt sind. Wir haben auch nicht täglich mit Situationen zu tun, in denen wir uns einem Angreifer widersetzen müssen. Die wenigsten von uns mussten überhaupt schon einmal eine konkrete Gefährdung des eigenen Lebens erfahren.

Es fehlt uns also Erfahrung und Routine in solchen Situationen. Wir können nicht einmal vorhersagen, wie wir reagieren, wenn wir plötzlich und unerwartet Opfer eines Überfalls werden. Wir wissen nicht, was wir tun werden, und das ist gefährlich.

Gerade deshalb ist es wichtig, den Umgang mit der Waffe oder dem Spray ständig zu üben, damit ein automatischer Ablauf der Verteidigungsreaktion in uns programmiert ist. Deshalb kommt der gedanklichen Vorbereitung eines eventuellen Überfalls - jederzeit und in jeder Situation - so große Bedeutung zu. Insbesondere das Durchspielen gewaltfreier Lösungen eines möglichen Konfliktes hilft uns, die Routinehandlung unserer Selbstverteidigung erst zu einem bewusst gewünschten Zeitpunkt (Auslöser – Trigger) als letzten Ausweg ablaufen zu lassen. Dies ist wichtig, um in einer kritischen Situation nicht überzureagieren und zu früh unverhältnismäßige Mittel anzuwenden.

Stellen Sie sich vor, nachts auf der Straße spricht Sie plötzlich ein Mann an. Sie erschrecken, ziehen und schießen - dabei wollte der Mann nur nach dem Weg fragen! Es hätte verheerende Folgen für den Mann und für Sie, die vor Gericht mit Schmerzensgeldansprüchen und einer Anklage und Verurteilung wegen fahrlässiger Körperverletzung enden. Zeitlebens müssten Sie damit fertig werden, einem unschuldigen Menschen vielleicht das Augenlicht geraubt oder sein Gesicht entstellt zu haben.

Sicher ein grob konstruiertes Beispiel. Doch Schreck und Angst können unsere körperlichen Reaktionen unvorhersehbar stark beeinflussen. Üben Sie daher, den Verteidigungsschuss erst nach einer Vergewisserung von der Notwendigkeit - eine Entscheidung in Bruchteilen von Sekunden - brechen zu lassen. Die „Zieh-Feuer-Stopp"-Übung aus Kapitel 7.2. kann dabei helfen.

Nehmen wir einen tatsächlichen Überfall an. Ihre Panik kann so groß sein, dass Sie wie gelähmt sind. Ihre Knie und Hände zittern, der Schreck hat sich wie ein Krake auf Ihrer Brust verkrallt, Sie sind zu keiner Handlung mehr fähig. Blutdruck und Adrenalinspiegel sind so hoch, dass Sie nicht einmal bemerken, dass der Täter Sie schon mit einem Messer verletzt hat - Sie spüren die Wunde noch gar nicht.

Jetzt wird alles andere unwichtig. Ihr Gehirn blendet jede Information aus, die nicht mit Ihrem Überleben zu tun hat. Außer dem Täter und sich selbst nehmen Sie nichts mehr wahr. Sie haben eine sogenannte Tunnelvision, in der Sie nur noch das Wesentliche hören und sehen. Sie hören keine Zurufe von Passanten oder sehen nicht das Auftauchen eines zweiten Gegners.

Der Ablauf dieses Alptraumes kann wie in Zeitlupe oder auch rasend schnell erscheinen.

Dann erfolgt Ihre Gegenreaktion, der Körper spult automatisch die trainierte Selbstverteidigungshandlung ab. Sie ziehen und schießen, der Täter wird vom Gas getroffen, taumelt, schlägt die Hände vors Gesicht, brüllt vielleicht vor Wut. Sie leben noch!

Erst jetzt nehmen Sie die Umwelt wieder wahr, und erst jetzt ergreift Sie die zuvor verdrängte Angst. Sie kann so stark sein, dass es jetzt zum psychischen und nervlichen Zusammenbruch führt. Es kommt zum sogenannten „post shooting trauma", wegen dessen Polizisten, die einen Schusswechsel mitgemacht haben, häufig zum Polizeipsychologen müssen. Wer kümmert sich dann um Sie?

Aber Sie müssen weiter handeln. Weglaufen, die Waffe nachladen, die Polizei informieren. Vielleicht kommt der Zusammenbruch ja auch erst danach.

Diese schulbuchmäßige Reaktion kann so in ihrer heftigsten Form erfolgen und wird von Opfern einer Geiselnahme, eines Überfalles oder eines Angriffes mehr oder weniger stark erlebt. Auch Helfer bei einem schweren Verkehrsunfall können so reagieren. Sie brechen zusammen, nachdem Sie mit fast übermenschlichen Kräften am Unfallort Hilfe geleistet haben.

Wir können uns kaum gegen diese Vorgänge wehren, es sei denn durch ständiges Training von Schreck, Stress und Abwehrhandlungen. Aber wer kann das schon ständig trainieren?! Es bleibt die gedankliche Vorbereitung, das so wichtige „mentale Training" - in der Hoffnung, das Richtige zu tun, wenn es darauf ankommt.

Ein weiteres, gleichzeitig auftretendes psychologisches Problem ist die Überschreitung der Hemmschwelle, einen anderen Menschen zu verletzen. Sie haben die Waffe auf den Täter gerichtet und sind nicht in der Lage, diese Hemmschwelle zu überschreiten und abzudrücken. Sie wissen, dass der Gegner schwer verletzt, sogar getötet werden kann.

Die „Spiegelübung" im Abschnitt 7.2. soll Ihnen diese Hemmung bis zu einem gewissen Grad nehmen. Doch beileibe nicht ganz. Diese Hemmschwelle kann unser Leben kosten, uns aber auch vor dem Gefängnis bewahren. Wenn kein anderer Ausweg mehr da ist, müssen Sie abdrücken - oder untergehen. Die Entscheidung in einem solchen Moment kann Ihnen keiner abnehmen. Nehmen Sie sich durch ein unbedachtes, routinemäßiges Training nicht selbst die Möglichkeit, diese Entscheidung im Ernstfall bewusst fällen zu können.

Auch in diesem Kapitel ist deutlich geworden, dass die Selbstverteidigung mit der Gaswaffe ein zweischneidiges Schwert ist. Sie kann uns beschützen, Werte oder Gesundheit bewahren. Sie kann uns aber auch ins Unglück stürzen, wenn wir die Waffe vorschnell oder unüberlegt einsetzen.

Seien Sie sich dieser Zweischneidigkeit stets bewusst, um verantwortungsvoll mit Ihrer Waffe umzugehen.

9. Die Alternative: Gassprays

Es ist bereits im Kapitel 6 deutlich geworden, dass der ernsthaft an der legalen Selbstverteidigung Interessierte ohne ein Gasspray nicht auskommt. Zu vielfältig sind die Einschränkungen beim Führen einer Waffe. Wir dürfen Sie nicht zu öffentlichen Veranstaltungen mitnehmen, und so sind wir auch auf Hin- und Rückweg ungeschützt. (Einige Leute berichten, dass sie ihre Waffe vor dem Veranstaltungsort unter Mülltonnen o.ä. verstecken und nach der Veranstaltung wieder an sich nehmen. Ziemlich umständlich und nicht ohne Risiko.) Oft wird uns die Waffe zu unhandlich sein.

Eine Dose Spray können wir fast überall hin mitnehmen (bitte beachten Sie dazu unbedingt die weiteren Ausführungen!). Bei einer Auslandsreise erkundigen Sie sich bitte über die aktuellen Bestimmungen des Reiselandes. Eine Spraydose ist klein, leicht und handlich. Wir können sie griffbereit in der Mantel- oder Hosentasche oder sogar fast unsichtbar in der Hand mitführen. Wir können sie auch in einem geeigneten Holster am Gürtel tragen.

Eine Waffe ist vielen Leuten zu groß, zu schwer oder zu kompliziert zu bedienen. Damen werden das Spray meist einer Waffe vorziehen. Die Handhabung einer Spraydose ist jedem vertraut, so dass die Bedienung im Ernstfall keine Probleme bereitet (wenn wir von ungeeigneten Sicherungen absehen).

Es werden zahlreiche Gassprays in verschiedenen Formaten und Inhaltsmengen angeboten.

Die Wirkung der Gassprays ist oft der einer Gaswaffe überlegen. Das Gas entweicht mit höherem Druck und erzielt Reichweiten von 2 bis 3 Metern, bei bestimmten OC-Modellen sogar bis zu 6 Metern. Dadurch ist die Wolke, mehr noch der Strahl auch bei Regen noch relativ treffsicher. Die Konzentration des Gases in der Wolke ist höher als bei einem Schuss, da keine Treibladungsgase enthalten sind. Allerdings ist die Menge an Wirkstoff pro Dose begrenzt. Große und kleine Dosen haben den gleichen Inhalt von 80 ml Wirkstoff. Somit ist der Strahl aus einer großen Dose zwar länger anhaltend, die Konzentration aber geringer.

Ein weiterer großer Vorteil des Gases besteht darin, nicht so gefährlich wie ein Schuss zu sein. Wir haben schon die Möglichkeiten schwerer Verletzungen durch Schüsse aus einer Gaswaffe erläutert. Dies entfällt bei einem Gasspray.

Sie sollten sich nach dem Kauf eines Gassprays von Form und Reichweite des Sprühstrahls überzeugen, auch um die Funktion der Dose zu testen. Bedenken Sie aber, dass der Inhalt einer „großen" Dose von ca. 40-50 ml Inhalt nur für eine Sprühdauer von etwa 10-15 Sekunden ausreicht. Kleinere Dosen von 20-22 ml haben nur Kapazität für etwa 5 Sekunden! Kaufen Sie am besten gleich eine zweite Dose – eine zum Probieren und eine zum Führen.

Pfeffersprays werden inzwischen in vielen Varianten angeboten, auch was die Form des ausgebrachten Wirkstoffes betrifft. Hier haben Sie die größte Auswahl. So gibt es den konischen oder Sprühstrahl. Dies ist ein fein zerstäubter Flüssigwirkstoff, der eine recht große Wolke bildet. Durch die große Reichweite und Wolke muss nicht genau gezielt werden, der Wirkstoff wird leicht vom Täter über die Lungen und Augen aufgenommen. Allerdings ist diese Wolke recht regen- und windanfällig. Bei solchen Witterungseinflüssen ist der sogenannte ballistische oder Flüssigstrahl stabiler. Hier wird der Wirkstoff als Flüssigkeit ausgebracht, mit dem Sie allerdings etwas genauer zielen müssen (stellen Sie es sich ähnlich vor wie mit einer Wasserpistole). Weiterhin gibt es Pfefferprodukte auch als Schaum (Foam) oder Gel. In diesen Produkten ist der Pfefferwirkstoff in einem Schaum oder Gel gebunden, das am Gegner haften bleibt. Die Vorteile sind hierbei, dass eine geringe Wind- und Regenanfälligkeit besteht und der Auftreffpunkt genau sichtbar ist. Die Wahrscheinlichkeit, selbst von dem Wirkstoff betroffen zu werden, ist sehr gering. Außerdem wird durch den Schaum oder das Gel eine zusätzliche Sichtbehinderung beim Täter hervorgerufen. Das Umfeld wird auch weniger beeinträchtigt, also gut für Innenräume oder Autos geeignet. Allerdings ist die Wirksamkeit etwas geringer als bei Spray oder Strahl, da der Wirkstoff nicht so gut an die Schleimhäute gelangt.

Eine Schweizer Entwicklung der Firma PIEXON, die auch in Deutschland erhältlich ist, ist der sogenannte „Jet Protector", auch unter den Bezeichnungen „Dog Shock" oder „Guardian Angel" im Handel. Es handelt sich dabei quasi um ein

Abschussgerät für flüssige Pfefferlösung. Es werden 6 ml Pfefferwirkstoff pro Schuss pyrotechnisch auf etwa 180 km/h beschleunigt und als „flüssiges Geschoss" dem Angreifer entgegen geschleudert und bleiben dort kleben. Etwa 4 m Entfernung können zielsicher überwunden werden. Das Gerät verfügt allerdings nur über 2 Schuss und ist nicht nachladbar. Dennoch sehr empfehlenswert, und durch die kleine, sehr leichte und flache Bauform sehr handlich und bequem immer dabei zu haben. Die Ausführung „Guardian Angel I" ist wohl nur noch in Restbeständen erhältlich, die Ausführung „GA II" ist durch den angedeuteten Griff etwas handlicher und mit einer Zielhilfe (Kimme/Korn) ausgestattet, aber gleichzeitig nicht so universell wie Version I, die zudem über einen festen Clip verfügt. Ich fände es schade, wenn der GA I nicht mehr produziert würde. Der nachrüstbare Clip des GA II ist auch nur ein Trageclip, das Gerät muss daraus entnommen werden, um damit schießen zu können. Beide Geräte passen größenmäßig in Hemd- oder Jeanstasche. Inzwischen ist ein GA III auf dem Markt, bei leicht verändertem Design und der legalen Möglichkeit, eine Laserzielhilfe zu befestigen.

Der Guardian Angel I verfügt über einen festen Clip. Die Version II ist durch den Griff etwas handlicher, ein Clip kann nachgerüstet werden.

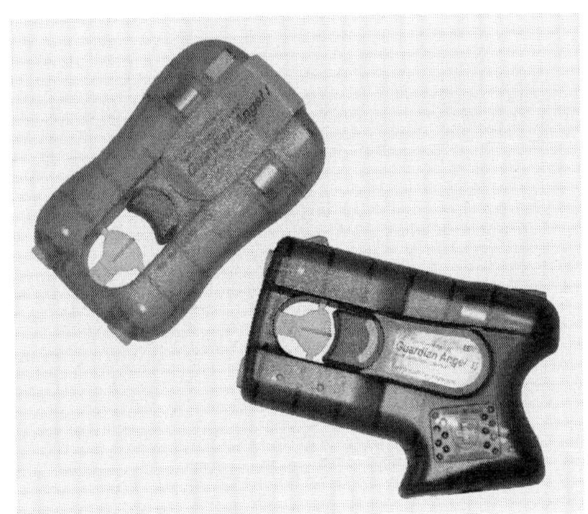

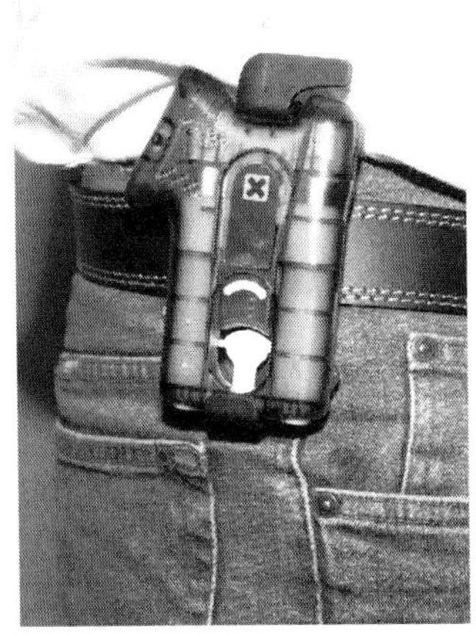

Der Guardian Angel II mit Trageclip am Gürtel.

Ein weiteres Produkt der Firma PIEXON ist der pistolenähnliche „Jet Protector JPX“. Dieser ist ebenfalls zweischüssig, beschleunigt aber jeweils 10 ml Pfefferwirkstoff auf etwa 450 km/h. Nach dem Abschuss kann die Kartusche sekundenschnell gewechselt und damit das Gerät nachgeladen werden. Die Reichweite beträgt etwa 5-7 Meter (Streukreis des Wirkstoffes auf 5 Meter ca. 30 cm Durchmesser). Durch die starke Beschleunigung ist das „flüssige Pfeffergeschoss“ kaum wind- oder regenanfällig und trifft zudem mit der Heftigkeit einer starken Ohrfeige auf den Gegner. Der JPX wiegt mit der zweischüssigen Kartusche um die 400 Gramm. Es gibt verschiedene Holster, in denen der JPX geführt werden kann. Allerdings ist er recht breit und trägt dadurch stark auf.

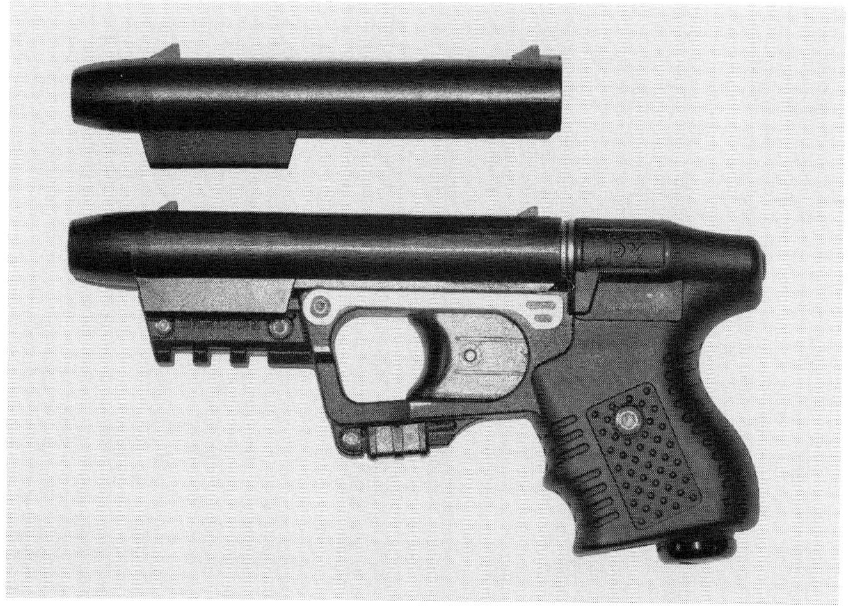

Der Jet Protector JPX und eine Ersatzkartusche.

Sowohl der Guardian Angel als auch der Jet Protector JPX sind in Deutschland als Tierabwehrgeräte zugelassen. Laut BKA-Feststellungsbescheid ist der JPX auch keine Anscheinswaffe! Das bedeutet, er darf wie jedes andere Tierabwehrgerät frei geführt werden. Wer dies tun möchte, sollte die zutreffenden beiden BKA-Feststellungsbescheide in Kopie mitführen und bei einer Kontrolle vorzeigen können, um Missverständnisse zu vermeiden. Das Gerät ist nicht allen Polizisten bekannt. Die Bescheide finden sich – neben vielen anderen – frei downloadbar auf der Internetseite des BKA.

Der Jet Protector JPX an einem Dienstkoppel in einem Paladin-Holster mit Sicherung. Daneben ein Hoernecke RSG-6 professional.

Trefferbild eines JPX-Schusses auf 5 Meter. Der Wirkstoff hat sich konzentriert in einem Kreis von ca. 30 cm verteilt, kleinere Spritzer etwa auf 90 cm.

Diese Geräte sind aus meiner Sicht sehr empfehlenswert, zumindest für den waffen-erfahrenen Benutzer. Schauen Sie sich im Internet Filme über die Wirkungsweise an. Vielleicht finden Sie diesen Kompromiss zwischen Schusswaffe und Spray für Ihre Zwecke geeignet. Durch den flüssigen Wirkstoff ist der Einsatz auch in geschlossenen Räumen möglich (z.B. Heimverteidigung), da die Räume nicht so stark kontaminiert werden. Allerdings haben Sie nur zwei Schuss. Da die Guardian Angel sehr leicht sind, könnten Sie in der anderen Tasche ein zweites Gerät dabei haben. Vielleicht führen Sie zusätzlich ein kleines Spray.

Sparen Sie nicht am falschen Ende und kaufen Sie sich Trainingsgeräte bzw. Trainingskartuschen dazu oder probieren Sie direkt die Wirkung des Reizstoffes aus. Es gibt inzwischen auch eine vierschüssige Version (JPX4), allerdings wird diese wahrscheinlich den Weg zur Zulassung in Deutschland nicht schaffen.

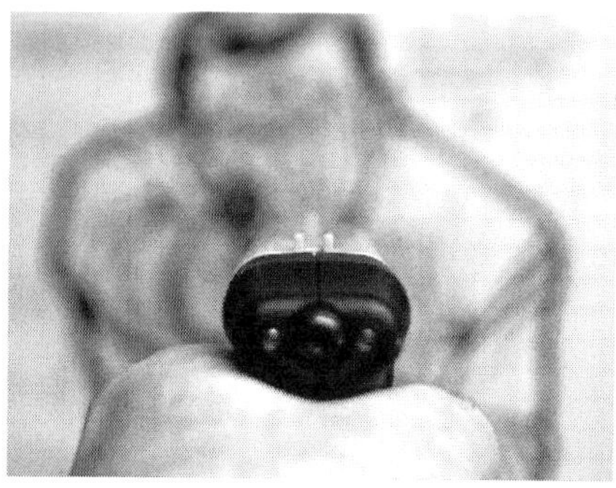

Gezielt wird beim JPX in Deutschland über Kimme und Korn. Im Ausland ist ein eingebauter Laser zugelassen. Hier der JPX mit grüner Trainingskartusche, gefüllt mit blauer Lebensmittelfarbe.

Ansicht der „falschen" Seite des JPX: die beiden Mündungen aus Sicht eines Angreifers.

Zurück zu den Sprays. Als Universalmittel ist der Flüssigstrahl gut geeignet, der auch bei Wind und Regen noch gute Reichweiten und Treffer erlaubt. Jedoch auch die anderen speziellen Varianten haben je nach Anforderung ihre Berechtigung, gerade die Gel-Ausführungen überzeugen. Überlegen Sie, was Ihnen am meisten nutzt, und probieren Sie es aus! Über die Wirkungen und Formen der verschiedenen Produkte finden Sie im Internet viele Videos.

Die „Schärfe" oder Wirksamkeit eines Pfeffersprays hängt weniger von der Konzentration des Wirkstoffes in der Lösung ab (technisch bedingt sind bisher nur Konzentrationen bis etwa 10 % Anteil möglich, die Konzentration des Reinstoffes liegt dabei zwischen 0,3 und 1,7 %), sondern eher von der Einordnung in die sogenannte „Scoville-Scala". Etwa ab 16 Scoville-Units nehmen wir Schärfe überhaupt erst wahr, eine Peperoni hat zwischen 100 und 500 Scoville-Units. Pfeffersprays sollten mindestens 2.000.000 (2 Millionen) Scoville-Units haben, Polizeisprays in den USA bringen es auf bis zu 5.300.000

(5,3 Millionen) Scoville-Units. Dieser Wert ist entscheidend für die Wirksamkeit - leider wird er oft nicht angegeben, sondern es wird mit unklaren Wirkstoff-Konzentrations-Prozenten geworben. Fragen Sie also genau nach, was Sie für Ihr Geld bekommen bzw. recherchieren Sie vorab im Internet.

Beachten Sie bei Sprays unbedingt die Haltbarkeitsangaben des Herstellers. Nach Ablauf dieser Zeit kann es sein, dass das Treibmittel langsam durch die Dichtungen entweicht und das Gas im Ernstfall nicht mehr funktioniert. Abgelaufene Sprays können Sie noch gut zum Training verwenden oder zur Vermeidung von Hundekot vor der Gartentür verteilen, auch gegen Marderbiss im Motorraum soll es helfen (aber bitte vor dem nächsten Werkstattbesuch gut abspülen und fern der Lüftung verwenden!).

Natürlich sollten Sie auch bei Gassprays die allgemeinen Sicherheitsvorschriften für Spraydosen beachten und diese nicht in der prallen Sonne oder auf einer Heizung aufbewahren. Und selbstverständlich gehören Gassprays vor Kinderhänden sicher verwahrt.

Welches Gas sollte man nun wählen? Schauen Sie noch einmal im Kapitel 3 nach, wo die verschiedenen Gase besprochen wurden, und denken Sie über die ausführlichen Beschreibungen der OC-Produkte nach.

Zu beachten sind auch die Feinheiten des Waffengesetzes, das im Kapitel 6 schon ausführlich dargestellt wurde. So zählen Abwehrsprays wie CS oder CN als Waffen, da sie zur Verteidigung gegen Menschen bestimmt sind. OC-Produkte (also Pfeffersprays) gelten nicht als Waffen, sondern als Tierabwehrmittel. Damit dürfen Sie diese auch zu Veranstaltungen mitnehmen, solange nicht Bestimmungen der jeweiligen Hausordnung (Stichwort: Hausrecht des Besitzers) dagegen stehen. Praktisch bedeutet dies, wenn Sie zu einer Veranstaltung gehen, dürften Sie grundsätzlich ein Pfefferspray dabei haben; sollte dies aber durch Aushang, Hausordnung oder privaten Sicherheitsdienst verboten werden, müssen Sie es abgeben (und bekommen es normalerweise nach der Veranstaltung zurück).

Kauf und Führen eines Gassprays ist gemäß § 3, Abs. 2 ab einem Alter von 14 Jahren erlaubt (Pfefferspray, da ohne Waffeneigenschaft, sogar ohne Altersbeschränkung!). Diese damalige Neuerung des Waffengesetzes ist sehr zu begrüßen, da nun besonders junge Mädchen die Möglichkeit einer Verteidigung erhalten. Statten Sie also Ihre Tochter mit einem guten Abwehrspray aus, und unterrichten Sie sie über die Gesetze! Sie hat doch sicher Angst vor Hunden. Trainieren Sie mit ihr die richtige Anwendung!

Reizstoffsprühgeräte, so werden Gas- und Pfeffersprays ja im Waffengesetz bezeichnet, müssen gemäß diesem geprüft sein und ein entsprechendes Prüfzeichen besitzen. Diese sind die Prüfnummer in der sogenannten BKA-Raute bzw. (neuer) die Nummer im PTB-Trapez. Dies gilt vornehmlich für CS- bzw. CN-Reizstoffgeräte und auch die entsprechende Munition für Gaswaffen. Bei Pfeffersprays ist es wichtig, dass diese ausdrücklich als Tierabwehrspray gekennzeichnet sind, diese benötigen dann kein Prüfzeichen.

Hier sollten Sie sich stets aktuell informieren, falls es Änderungen gibt, ihr Händler kann Sie dazu sicher kompetent beraten.

Ein wichtiger Hinweis zur „MACE-Pfefferpistole" und ähnlich aussehenden Geräten (z.B. von Walther). Dieses Gerät hält eine Reizstoffdose, die mit einer revolverartigen Halterung versprüht werden kann. Hier hat das BKA in einem Feststellungsbescheid die Einstufung als Anscheinswaffe bejaht, dieses Gerät darf in der Öffentlichkeit nicht mehr geführt werden!

Ich empfehle also auch als Spray ein OC-(Pfeffer)-Produkt. Die Wirksamkeit gegen Hunde ist sichergestellt, und im Ernstfall hilft es auch gegen Menschen, obwohl Sie OC gegen Menschen nicht einsetzen dürfen (in Notwehr aber straffrei). Also müssten wir zwei Dosen Spray haben, eine gegen Hunde und eine gegen menschliche Angreifer? Hier sollte der Gesetzgeber endlich reagieren. Allerdings hat diese etwas unklare Situation auch ihre Vorteile, z.B. die fehlende Waffeneigenschaft der Pfeffersprays.

Achten Sie beim Kauf eines Gassprays auf das Dosenformat. Sie sollten es gut in Ihrer Tasche unterbringen können.

Es gibt unterschiedliche Sicherungssysteme, damit das Spray nicht unbeabsichtigt bedient wird. Alle Systeme lassen mehr oder weniger zu wünschen übrig. Ungeeignet sind Sicherungen, die vor dem Sprühen ausgebrochen oder mit der zweiten Hand bedient werden müssen. Das kann im Ernstfall leicht vergessen werden. Ich halte die Varianten mit dem von einem höheren, festen Rand umgebenen Druckventil oder die mit einem durch den Daumen automatisch abhebbaren Deckel noch für die geeignetsten. Damit ist mir trotz ständigem, jahrelangen Führen noch keine Fehlauslösung passiert.

Die Dose sollte gut in der Hand liegen und das Ventil sicher zu erreichen sein. Letztendlich ist noch die gewünschte Inhaltsmenge zu beachten.

Für den täglichen Privatgebrauch ist die hohe, schmale Dose der Marke Pfeffer Contra-Dog zu empfehlen. Der Inhalt ist zwar nicht sehr groß, aber durch die Form kann die Dose bequem in der Brusttasche eines Jacketts oder einer Jacke getragen werden. Hier ist sie zur Hand, wenn man im Falle eines Überfalles zur Brieftasche greifen muss.

Soll es eine größere Dose sein, ist das RK-6 als Flüssigstrahl mit stabilem Clip und vielen Befestigungsmöglichkeiten eine gute Wahl. Wenn es noch professioneller sein darf, ist das RSG-6 der Fa. Hoernecke mit 63 ml Füllvolumen und wechselbarer Dose ein guter Kompromiss zwischen Größe und Füllmenge. Es sind sowohl Strahl- als auch Gel-Nachfüllkartuschen erhältlich, natürlich auch Trainingskartuschen mit Wasserfüllung.

Das Hoernecke RSG-6 ist etwas größer, aber verfügt über 63 ml Füllmenge. Hier mit einer Nachfüllkartusche im Bild. Die sehr stabile Klammer kann auch auf die andere Seite umgebaut werden.

Verschiedene Pfeffersprays, die wegen ihrer Wirksamkeit immer beliebter werden.

Bei den Herstellern gibt es noch etwas Nachholbedarf, was die Gestaltung der kleineren Dosen betrifft. Die bisherige runde Form macht es schwierig, sofort die richtige Sprühposition zu finden. Eine Auflage, Fingerrillen oder eine ovale Form würde den Zugriff vereinfachen und sicherer machen. Vermutlich ist das zu teuer. Sie können sich mit einem aufgeklebten Stück Moosgummi behelfen, der sich sofort richtig in die Finger schmiegt.

Auch die meist an den Verschlusskappen aus Plastik angeformten Clips verdienen ihren Namen oft nicht, da man damit die Dose nicht sicher in einer Tasche befestigen kann. Die Teile sind zu kurz, biegen auf und brechen früher oder später ab. Selten finden wir genügend starke Clips aus Metall an den Spraydosen, wie es z.B. verschiedene MK-Sprays bieten.

An der schmalen Dose Contra-Dog passt ein stabiler Metallclip, der eigentlich für eine Mini-Mag-Lite-Taschenlampe vorgesehen ist. Den kann man an der Dose drehen und damit das Gas links oder rechts tragen und es trotzdem sofort zugriffsbereit - mit der richtigen Ausrichtung des Sprühkopfes - haben. Ansonsten bevorzuge ich für mein Gas ein kleines Holster, das normalerweise ebenfalls für eine Taschenlampe vorgesehen ist. So kann ich die Dose analog einer Waffe ziehen.

Noch ein wichtiger Hinweis: die meisten einfachen Sprays funktionieren nur, wenn die Dose aufrecht gehalten wird. Für spezielle Anwendungen (z.B. von unten sprühen, dabei die Dose umgekehrt halten) gibt es Sprays unter verschie-

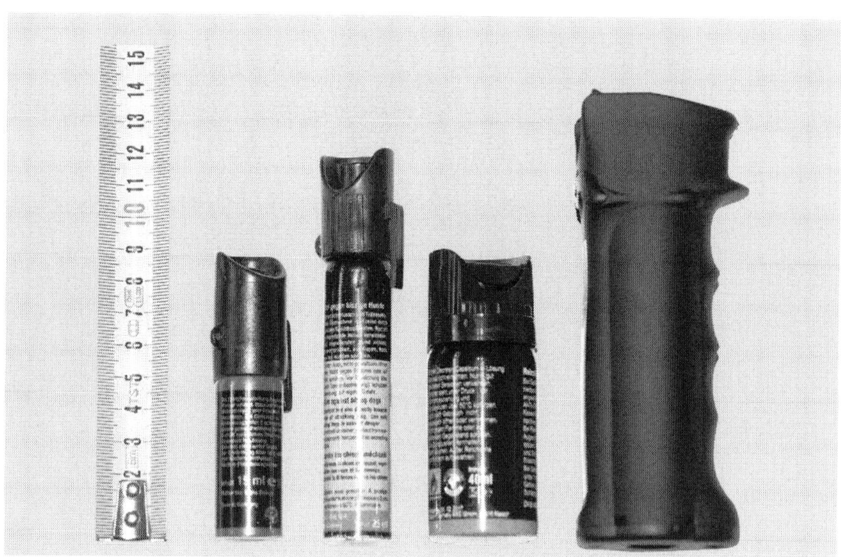

Größenvergleich verschiedener Abfüllungen. Von links nach rechts: 15 ml, 25 ml, 40 ml und 63 ml.

denen Bezeichnungen (360°, Bag-on-Valve, Allround u.a.) die ein Sprühen aus jeder Lage erlauben. Diese sind etwas teurer, aber auf alle Fälle empfehlenswert.

Sie sollten auch das „Ziehen" Ihres Gassprays wie das Ihrer Waffe trainieren, damit Sie im notwendigen Falle die Dose vor Aufregung nicht verkehrt herum halten. Denn auch für das Gas gilt: es muss schnell, überraschend und sicher angewendet werden, damit Sie einen Angreifer wirksam abwehren können. Noch einmal an dieser Stelle: mit Hilfe des Sprays wollen Sie keinen Gegner überwältigen oder festnehmen. Sie wollen sich dadurch nur einige Sekunden Zeit erkaufen, die Sie zur Flucht nutzen können! Also sollte das Motto lauten: Sprühen und wegrennen! Der Reizstoff wirkt erst mit einer kurzen Verzögerung auf den Angreifer. Bedenken Sie auch, dass Sie auf Zeitgenossen treffen könnten, die sich gegen das Spray abgehärtet haben. Hier bleibt Ihnen noch weniger Zeit zum Weglaufen. Rechnen Sie immer damit, dass auch Pfefferspray nicht wirken könnte, und haben Sie dafür Plan B im Kopf. Haben Sie das Spray immer griffbereit in der Tasche, in kritischen Situationen vielleicht sogar schon in der Hand. Kriminelle versuchen manchmal, Sie vor dem eigentlichen Überfall „einzuwickeln", abzulenken oder zu verwirren. Sie verwickeln Sie in ein Gespräch, fragen nach dem Weg oder nach Feuer, lassen plötzlich etwas fallen. In einer solchen Situation könnten Sie schon auf den Wind achten, und versuchen Ihre Position so zu wählen, dass Sie Ihr Spray gut einsetzen können. Wenn dann tatsächlich ein Überfall passiert, ziehen Sie und sprühen taktisch (in kurzen Sprühstößen, gut zielen, das Spray seitlich und/oder in der Höhe etwas schwenken), dann rennen Sie weg. Machen Sie auch in einem solchen Falle immer Anzeige bei der Polizei, am besten sofort telefonisch und mit Bitte um einen Krankenwagen, um dem Besprühten erste Hilfe zukommen zu lassen. Mit dem Sprühen des Pfeffersprays haben Sie immerhin tatbestandsmäßig eine gefährliche Körperverletzung begangen, die nur durch den vorangehenden Überfall gerechtfertigt wird und damit als Notwehr straffrei bleiben sollte.

Aber auch hier gilt: wer zuerst anzeigt, hat oft die besseren Karten.

Eine der derzeit umfassendsten und besten Zusammenstellung über eigentlich alles, was mit Pfefferspray zu tun hat, ist das Buch „HOT DEFENSE – Alles Wissenswerte über Pfefferspray zur Selbstverteidigung" von Derek Rosenfeld aus dem S.Ka.-Verlag (auch unter K-ISOM suchen).

Hier finden Sie neben einiger Theorie viele hervorragende Fotos der verschiedenen Sprays sowie viele bebilderte Einsatzmöglichkeiten und Anwendungstipps. Unbedingt empfehlenswert.

10. Zusammenfassende Tipps

Wählen Sie nur eine Waffe, die Sie überzeugt und die bei Testberichten als zuverlässig empfohlen wurde. Prüfen Sie die Waffe im Geschäft gründlich auf Handlage, Größe, Gewicht und Abzugswiderstand. Behalten Sie den vorgesehenen Einsatzzweck im Auge. Als ständigen Begleiter wählen Sie eine möglichst kleine und leichte Waffe. Schauen Sie durch den Lauf, ob die Sperren das Gas vielleicht zu sehr behindern. Wählen Sie eine zuverlässige Munition dazu. Probieren Sie die Waffen-Munition-Kombination aus.

Führen Sie Ihre Gaspistole durchgeladen, entspannt und entsichert. So ist sie sofort schussbereit. Es sollten Gaspatronen CS oder OC geladen sein, Pistolen möglichst mit einer Patrone weniger im Magazin. Gewöhnen Sie sich an, die Waffe vor dem Entspannen des Hahnes immer zu sichern und den Lauf in eine sichere Richtung zu bringen.

Beachten Sie eisern die Regeln für den sicheren Umgang mit Waffen im Kapitel 5. Lassen Sie keine Ausnahmen oder Nachlässigkeiten im Training zu!

Probieren Sie das Holster aus, ob sie es schnell öffnen können und ob bei der vorgesehenen Trageweise ein sicherer, schneller Zugriff zur Waffe möglich ist.

Führen Sie Ihre Waffe in einem geeigneten Holster so, dass Sie schnell ziehen und schießen können. Gut geeignet sind Inside-Belt-Holster mit umsteckbarem Clip, so dass Sie es sowohl rechts als auch links, sowohl im Hosenbund als auch am Gürtel oder in der Brusttasche des Jacketts tragen können. Offene Holster sollten durch einen schnell mit dem Daumen zu öffnenden Riemen zur Sicherung der Waffe ergänzt werden. Bei offenen Holstern sollten Sie Sicherungstechniken für Ihre Waffe beherrschen.

Tragen Sie die Waffe möglichst immer an der gleichen Stelle und trainieren Sie das schnelle Ziehen. Wenn Sie die Waffe an verschiedenen Stellen tragen müssen, machen Sie sich unterwegs immer wieder bewusst, wo sie gerade ist. Sie sollten dann das Ziehen von allen Stellen trainiert und zu Hause noch ein paar Trockenübungen mit der aktuellen Holsterposition gemacht haben.

Verteidigungswaffen sollten möglichst so geführt werden, dass sie nicht bemerkt werden. Sie sollten im Ernstfall schnell, überraschend und sofort wirksam eingesetzt werden. Also drohen Sie nicht damit, sondern ziehen und schießen Sie sofort, wenn es nötig ist. Dazu müssen Sie ständig mit der Waffe üben.

Pflegen Sie Ihre Waffe ständig und überprüfen Sie die sichere Funktion, damit sie im Ernstfall nicht versagt.

Verwenden Sie nur erprobte, zuverlässige Munition.

Eine Waffe, die im Ernstfall nicht zuverlässig funktioniert, nützt Ihnen nichts.

Eine Waffe mit einem zu schwachen Kaliber oder einer ungeeigneten Munition nützt Ihnen nichts.

Eine Waffe, die nicht zur Hand ist, wenn Sie sie brauchen, nützt Ihnen auch nichts.

Eine Waffe, die Sie im Ernstfall nicht einsetzen, weil Sie Hemmungen haben, ist ebenfalls nutzlos und für Sie sehr gefährlich.

Stellen Sie sich gedanklich immer wieder verschiedenste Arten von Angriffen und Konfrontationen vor, und wie Sie darauf reagieren könnten. Dies schärft ihr schnelles Urteilsvermögen in Konfliktsituationen. Suchen Sie immer zuerst eine gewaltfreie Alternative.

Seien Sie sich stets bewusst ein gefährliches, unter Umständen tödliches Gerät zu tragen. Der Einsatz Ihrer Waffe kann ein Leben retten, aber auch ein Leben zerstören - Ihres oder das eines anderen Menschen.

Prüfen Sie, ob nicht ein Gas- oder Pfefferspray (auch Pfefferschaum oder Pfeffergel) Ihren Anforderungen besser gerecht wird als eine Gaswaffe oder diese ergänzen kann. Vielleicht sind auch Guardian Angel oder Jet Protector etwas für Sie. Wägen Sie alle genannten Vor- und Nachteile gegeneinander ab. Trainieren Sie mit Ihrem Spray/Gerät ebenso ernsthaft wie mit Ihrer Waffe.

Halten Sie sich streng an alle gesetzlichen Vorschriften, insbesondere was das Führen von Waffen angeht (Stichwort Kleiner Waffenschein).

Bleiben Sie immer aufmerksam, meiden Sie nach Möglichkeit jeden Kampf, versuchen Sie immer mit friedlichen Mitteln einen Konflikt zu entschärfen, und kehren Sie so immer gesund nach Hause zurück.

11. Anhang

Übersicht der abgebildeten Waffen

(Technische Daten z.T. aus VISIER SPEZIAL 9/10/11 1997)

Single-Action-Pistolen

Seite	Typ	scharfes Vorbild	Maße LxHxB	Gewicht Gramm	Kaliber	Schuss	Abzugsgew. SA/DA (Trommel-spalt in mm)
26	Umarex Colt Government	Colt Government	180 x 138 x 35	1015	9 mm	8+1	3220
26	ZORAKI M 906	ohne	143 x 105 x 26	465	9 mm	6(+1)	k.A.

Double-Action-Pistolen

Seite	Typ	scharfes Vorbild	Maße LxHxB	Gewicht Gramm	Kaliber	Schuss	Abzugsgew. SA/DA (Trommel-spalt in mm)
27	ERMA EGP 490	-	160 x 119 x 26	540	9 mm	6+1	1990/ 5210
28	ERMA EGP 790	Walther PPK	155 x 103 x 26	518	9 mm	5+1	1660/ 4200
29	ZORAKI Mod. 914	ohne	154 x 121 x 35	730	9 mm	14+1	k.A.
28	Weihrauch HW 94	Beretta 84	168 x 124 x 35	805	9 mm	7+1	2370/ 8960
28	Röhm RG 88	-	160 x 115 x 31	590	9 mm	9+1	1380/ 2990
29	Röhm RG 90	Walther TPH	141 x 99 x 25	460	.315 K.	6+1	1400/ 5000
30	Röhm RG 100	Walther PPK	150 x 115 x 27	530	.315 K.	7+1	1850/ 6200
30	Umarex Walther PPK	Walther PPK	151 x 113 x 27	560	.315 K.	7+1	1100/ 4200
30	Umarex Walther PP	Walther PP	165 x 121 x 29	615	9 mm	7+1	k.A.
31	Geco P 225	SIG-Sauer P 225	180 x 138 x 35	1015	9 mm	8+1	2970/ 4100
31	Umarex Double Eagle	Colt Double Eagle	220 x 141 x 35	1100	9 mm	8+1	k.A.

Seite	Typ	scharfes Vorbild	Maße LxHxB	Gewicht Gramm	Kaliber	Schuss	Abzugsgew. SA/DA (Trommel-spalt in mm)
31	Röhm RG 96	Heckler & Koch USP	186 x 135 x 35	800	9 mm	9+1	1400/ 6450
32	Röhm Vector CP 1	Vector CP 1	181 x 140 x 31	700	9 mm	13+1	k.A.
32	Umarex Walther P 88	Walther P 88 Compact	182 x 144 x 33	955	9 mm	10+1	3640/ 5450
32	Umarex Walther P 99	Walther P 99	180 x 139 x 32	654	9 mm	16+1	3780/ 4180
33	ZORAKI 917	Glock 17	190 x 135 x 33	870	9 mm	17+1	k.A.

Revolver

Seite	Typ	scharfes Vorbild	Maße LxHxB	Gewicht Gramm	Kaliber	Schuss	Abzugsgew. SA/DA (Trommel-spalt in mm)
35	IWG Spezial Force	Ruger (DA-Only)	185 x 120 x 35	630	9 mm	5	5000 (k.A.)
35	Röhm RG 59	-	150 x 105 x 34	462	9 mm	5	1450/ 4200 (0,70)
35	Röhm RG 69	-	185 x 120 x 37	720	9 mm	6	3700/ 6100 (0,50)
35	Röhm RG 89	-	181 x 115 x 37	642	9 mm	6	1900/ 5800 (0,50)
36	ERMA EGR 77 2,5“	Smith & Wesson Mod. 19	190 x 138 x 37	630	9 mm	6	2700/ 5300 (0,2)
36	Weihrauch HW 37	Smith & Wesson Airweight	155 x 108 x 33	520	9 mm	5	1600/ 4600 (0,2)
36	Weihrauch HW 88 „Super Airweight“	Smith & Wesson Airweight	155 x 108 x 33	277	9 mm	5	1600/ 4600 (0,2)

Revolver

Seite	Typ	scharfes Vorbild	Maße LxHxB	Gewicht Gramm	Kaliber	Schuss	Abzugsgew. SA/DA (Trommel-spalt in mm)
36	Umarex Colt Anaconda	Colt Anaconda	226 x 123 x 35	748	9 mm	6	2400/ 6000 (0,90)

CO2- und Druckluft-waffen

Seite	Typ	scharfes Vorbild	Maße LxHxB	Gewicht Gramm	Kaliber	Schuss	Geschossge-schwindigkeit/ Energie in J
104	KWA Glock 19	Glock 19	184 x 125 x 28	700	6 mm BB	20	ca. 1 Joule
104	Umarex Walther CP 88	Walther P88 Compact	182 x 144 x 33	1000	4,5 mm Diabolo	8	120 m/s
105	RWS C225	SIG-SAUER P225	180 x 138 x 35	950	4,5 mm Diabolo	8	120 m/s
105	UMAREX Colt M45 CQBP	COLT M45 CQBP	220 x 145 x 35	930	4,5 mm BB	19	90 m/s
106	ME Bull Barrel 4“	ARMINIUS HW 38 Target	220 x 145 x 38	905	5,5 mm Diabolo	6	135 m/s
106	ME Army	COLT Peacemaker (Single-Action)	270 x 130 x 42	1080	4,5 mm Diabolo	6	170 m/s
107	Umarex Colt Single Action Army	Colt Single Action Army (Peacemaker)	275 x 142 x 39	867	4,5 mm BB	6	120 m/s
107	Umarex Colt Python	Colt Python	288 x 148 x 40	1118	4,5 mm BB	6	100 m/s

PIEXON Tierabwehr-Geräte

Seite	Typ	scharfes Vorbild	Maße LxHxB	Gewicht Gramm	Kaliber	Schuss	Geschossgeschwindigkeit/ Energie in J
115	PIEXON Guardian Angel I	-	109 x 70 x 23	60	-	2x 6 ml	145 km/h
116	PIEXON Guardian Angel II	-	119 x 84 x 25	108	-	2x 6 ml	180 km/h
117	PIEXON Jet Protector JPX	-	190 x 90 x 37	386	-	2x 10 ml	450 km/h

Literaturverzeichnis / Weiterführende Literatur

Selbstverteidigung:

„Sicherheit und Selbstschutz", J.P.Heymann, Motorbuchverlag
„Sicher statt wehrlos", K.Seißelberg/M.Anke, TRIAS-Verlag
„Selbstverteidigung für den Ernstfall", D.Rast, Weinmann-Verlag
Buchreihe von Marc MacYoung, Michael Kahnert Verlag
„Real World Survival", Walt Rauch, dwj Verlags-GmbH
„Gewalt. Selbstschutz gegen Schläger", M. Albrecht/F. Rudolph, Palisander Verlag
„Krav Maga. Das umfassende Handbuch...", D. Levine/J. Whitman, riva Verlag
„Hot Defense – Alles Wissenswerte über Pfefferspray zur Selbstverteidigung", Derek Rosenfield, S. Ka.-Verlag

Waffenrecht:

„Waffenrecht in der Praxis", K.H.Martini, dwj Verlags-GmbH
„Waffensachkundeprüfung leicht gemacht", Ochs/Boden, Boorberg-Verlag
„Das Waffen-Sachkundebuch", K.H.Martini, dwj Verlags-GmbH

Combatschießen:

alle Websites, Blogs, Bücher und Videos von Gabriel Suarez, Andy Stanford und James Yaeger (in englisch)
„Feuerkampf & Taktik. Taktischer Schusswaffengebrauch im 21. Jahrhundert", Henning Hoffmann, dwj Verlags-GmbH – DAS Standardwerk, ebenfalls empfehlenswert der Blog und die kostenlose Online-Zeitschrift „Waffenkultur"

Waffentests:
„DWJ - Deutsches Waffen-Journal“, Zeitschrift, dwj Verlags-GmbH
„VISIER - Das internationale Waffen-Magazin“, „VISIER SPECIAL“ und „caliber“ - Zeitschriften der VS-Medien GmbH

Waffentechnik:
„Pistolen & Revolver Enzyklopädie“, A.E. Hartink, Karl-Müller-Verlag
„Enzyklopädie der Handfeuerwaffen“, Karl-Müller-Verlag
„Handfeuerwaffen aus über fünf Jahrhunderten“ Karl-Müller-Verlag
„Moderne Handfeuerwaffen“, I. Hogg, Motorbuch-Verlag

Internet - Surftipps:
www.waffen-online.de
www.co2air.de
www.muzzle.de
www.dwj.de
www.all4shooters.com
www.fwr.de
www.german-rifle-association.de
www.waffenkultur.com

Dies nur eine kleine Auswahl. Insbesondere das Internet ist eine Fundgrube. Gerade hier sollte man aber auch besonders kritisch sein.